소설처럼 재미있게 읽는
뇌과학 강의

소설처럼
재미있게 읽는

뇌과학
강의

오스미 노리코 지음

정한뉘 옮김

시그마북스
Sigma Books

소설처럼 재미있게 읽는
뇌과학 강의

발행일 2024년 3월 15일 초판 1쇄 발행
지은이 오스미 노리코
옮긴이 정한뉘
발행인 강학경
발행처 시그마북스
마케팅 정제용
에디터 최윤정, 최연정, 양수진
디자인 김문배, 강경희

등록번호 제10-965호
주소 서울특별시 영등포구 양평로 22길 21 선유도코오롱디지털타워 A402호
전자우편 sigmabooks@spress.co.kr
홈페이지 http://www.sigmabooks.co.kr
전화 (02) 2062-5288~9
팩시밀리 (02) 323-4197
ISBN 979-11-6862-219-7 (03400)

과학자들의 숨겨진 일면 또한 들여다보고자 했습니다. 과학은 인간의 손으로 일구어나가는 학문입니다. 이 책을 읽은 학생 여러분이 뇌과학자, 신경과학자가 되고 싶다는 꿈을 꾸게 된다면 매우 기쁘겠습니다.

제가 지금까지 역서 『마음이 태어나는 곳』 외에 『脳からみた自閉症—「障害」と「個性」のあいだ(뇌의 관점으로 바라본 자폐증: 장애와 개성 사이)』, 『脳の誕生—発生・発達・進化の謎を解く(뇌의 탄생: 발생, 발달, 진화의 수수께끼를 풀다)』 등 여러 권의 책을 쓰는 사이에도 뇌과학과 신경과학의 연구는 점점 빠르게 발전하고 있습니다. 그래서 오늘날의 뇌과학 연구를 소개하고자 광유전학을 비롯해 연구에 없어서는 안 될 각종 기술과 뇌의 진화와 뇌 기술에 관한 최신 연구 성과를 마지막 장에 담았습니다.

『소설처럼 재미있게 읽는 강의』 시리즈의 생명과학 편과 마찬가지로 여러분의 이해를 돕기 위해 그림을 실었습니다. 마지막까지 즐겁게 감상하시길 바랍니다.

차례

제3장 뇌의 발생

제4장 뇌의 발달과 노화

제5장 오늘날의 뇌과학 연구

제1장

뇌의 구조와 기능

1 뇌와 마음

우리는 왜 뇌를 알고 싶어할까요? 뇌가 마음을 이해하는 지름길일지도 모른다고 무의식적으로 생각했기 때문은 아닐까요? 간이나 신장 같은 장기들보다는 뇌가 마음을 비출 것처럼 느껴지잖아요.

고대 사람들에게도 마음은 중요한 관심사였습니다. 기원전 2500년경 메소포타미아의 점토판은 세계 최초의 문자인 쐐기 문자로 기록되어 있지만, 안타깝게도 당시 사람들이 마음을 어떻게 생각했는지에 대한 내용은 남아 있지 않습니다. 고대 이집트 사람들은 마음이 심장에 존재한다고 생각했습니다. 마음이 설레면 심장 박동이 빨라지니까요. 사실 심장 박동이 빨라지는 이유는 자율신경계의 활동 때문이지만요. 기원전 427년 그리스 아테나의 철학자 플라톤은 마음이 뇌에 깃든다고 여겼지만, 그의 제자 아리스토텔레스는 뇌가 아니라 심장에 마음이 깃든다고 주장했습니다.

시간이 흘러, 17세기를 대표하는 프랑스의 철학자 르네 데카르트는 "나는 생각한다, 고로 존재한다"라는 말을 남긴 인물로 유명한데, 그는 정신과 신체의 존재를 구별할 수 있다는 '이원론'을 주장한 인물이기도 합니다. 그러나 저서 『정념론』에서 그는 정신과 신체가 뇌 안쪽의 솔방울샘이라는 부분에서 갈라져 나와 복잡하게 연결되어 있다고 궁여지책으로 설명했습니다(그림 1-1). 굳이 파고들자면 근대적인 해부학이 발전하기 시작하던 상황이 반영되었다고 볼 수 있습니다.

한편 '뱃속이 시커멓다', '속을 터놓고 이야기하다', '속에 얹히다', '담력이 두둑하다' 등 우리말에도 인격이나 마음을 내장에 비유하는 표현이 여럿 있습니다. 시험을 보기 전에 배가 아팠던 경험이 있다면 정신 상태가 소화 기관에 영향을 준다는 말이 와닿을 텐데요. 과민대장증후군이라고 하는 이 질환은 뇌와 장의 상관관계를 연구하는 분야에서 다룹니다(5장 참조). 이러한 사례를 보면 마음이 단순히 뇌 기능에서 탄생했다고 보기는 어렵겠네요.

그림 1-1 데카르트가 생각한 뇌

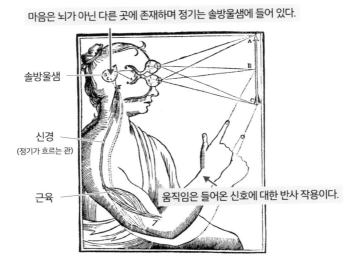

마음은 뇌가 아닌 다른 곳에 존재하며 정기는 솔방울샘에 들어 있다.

솔방울샘

신경
(정기가 흐르는 관)

근육

움직임은 들어온 신호에 대한 반사 작용이다.

▶ 구도 요시히사 지음, 『머릿속에 더 잘 들어오는 뇌신경과학 개정판』을 토대로 작성.

우리의 마음을 알기 위해 중요한 단서를 붙잡으려면 인간의 뇌 기능과 이를 뒷받침하는 구조를 이해해야 합니다. 마음을 객관적으로 '측정'하는 데에는 여전히 어려움이 뒤따르지만, 뇌의 구조와 기능은 과학적으로 검증할 수 있습니다. 1장에서는 뇌의 구조와 기능을 알아보겠습니다.

2 뇌의 해부

이미 기원전 3세기에 이집트 알렉산드리아에서 인체를 해부했다는 기록이 남아 있지만, 세계에서 가장 오래된 대학인 이탈리아 볼로냐대학은 1304년 의학 교육을 위해 교회의 반대를 무릅쓰고 공개적으로 인체를 해부했습니다. 이후 16세기경 근대 해부학의 시대가 열렸습니다. 벨기에 브뤼셀에서 태어난 안드레아스 베살리우스는 실제로 보는 것이 중요하다고 생각해, 고대 로마 시대에 간행된 갈레노스의 해부학 교과서를 읽는 데에 그치지 않고 파도바대학에서 직접 해부 실습을 진행했습니다. 그리고 1543년에는 『사람 몸의 구조에 관해(De humani corporis fabrica)』[약칭 『파브리카(fabrica)』]라는 일곱 권짜리 인체 해부 도감을 펴냈습니다. 그림 1-2는 『파브리카』에 실린 뇌의 삽화인데, 얼마나 정확한지 놀라울 따름입니다. 빛의 화가로 유명한 네덜란드의 렘브란트 판 레인이 1632년에 그린 유화 〈니콜라스 튈프 박사의 해부학 강

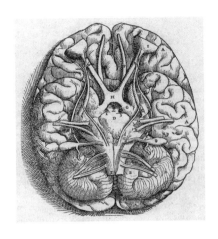

그림 1-2 뇌바닥

▶ Wikipedia(https://commons.wikimedia.org/wiki/File:1543,_Andreas_Vesalius%27_Fabrica,_Base_Of_The_Brain.jpg)에서 인용.

의)에도 『파브리카』로 보이는 책이 그려져 있습니다.

　그러면 이제 해부를 해야 하니 뇌의 구조를 알아볼까요? 일단 바깥쪽부터 살펴보겠습니다(그림 1-3). 뇌는 정면에서 바라봤을 때 거의 좌우 대칭 구조입니다. 주름이 있고 크기가 큰 대뇌와 대뇌보다 작은 소뇌가 있고, 안쪽에는 뇌줄기가 숨어 있습니다. 대뇌에서 주름져 들어간 부분을 고랑, 도드라진 부분을 이랑이라고 합니다. 뇌 표면에는 혈관이 매우 많습니다. 그리고 뇌를 둘러싼 막을 뇌척수막이라고 하는데요. 뇌척수막을 더 자세히 들여다보면 머리뼈에 붙어 있는 경질막, 뇌 표면에 붙어 있는 연질막, 경질막과 연질막 사이에 있는 거미막, 세 층으로 이루어져 있습니다. 뇌를 뒤집어 바닥을 보면 수많은 혈관과 함께 뿌리부터 양쪽으로 뻗은 뇌신경을 볼 수 있습니다. 뇌바닥에는

그림 1-3 뇌의 구조

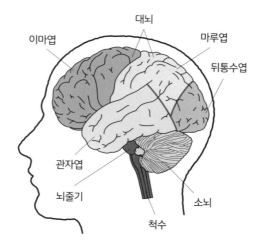

대뇌동맥고리라는 고리 모양 혈관이 있으며 시각 정보를 망막에서 뇌로 전달하는 시신경교차라는 신경 다발도 X자 형태로 엇갈려 있습니다(그림 1-2).

다음으로 뇌 안쪽을 보겠습니다. 뇌 해부 실습 또는 신경 해부 실습 과목을 수강하는 의과대학·치과대학 학생들은 메스로 뇌 한가운데를 갈라 둘로 나누게 됩니다. 단면에 셋째뇌실이 나타나며 시상과 시상하부도 보일 테고, 대뇌의 좌반구와 우반구 사이를 잇는 뇌들보도 보이겠군요(그림 1-4). 그리고 나면 뇌의 세세한 부위를 신중하게 해부할 차례입니다. 뇌를 해부하는 순서는 4세기에 걸쳐 쌓아온 근대 해부학의 지혜로, 실습서에도 실려 있습니다. 주요 부위인 대뇌섬, 렌즈

그림 1-4 대뇌 반구의 안쪽 면

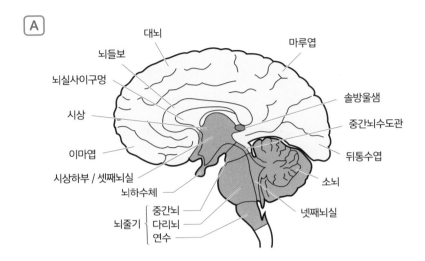

A

대뇌

뇌들보

마루엽

뇌실사이구멍

솔방울샘

시상

중간뇌수도관

이마엽

뒤통수엽

시상하부 / 셋째뇌실

소뇌

뇌하수체

중간뇌
뇌줄기 다리뇌
연수

넷째뇌실

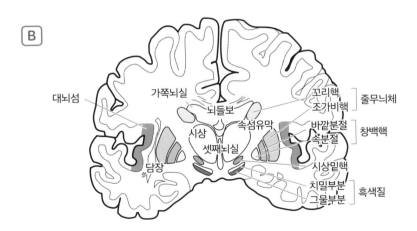

B

대뇌섬

가쪽뇌실

꼬리핵
조가비핵 줄무늬체

뇌들보

속섬유막

바깥분절
속분절 창백핵

시상

셋째뇌실

담장

시상밑핵

치밀부분
그물부분 흑색질

A) 시상면: 뇌를 좌뇌와 우뇌로 나눈 절단면
B) 관상면: 뇌를 앞쪽과 뒤쪽으로 나눈 절단면

핵, 대뇌부챗살이 있고 더 깊이 들어가면 해마가 있습니다. 뇌줄기의 횡단면(그림 1-4A)을 더 자세히 관찰하면 중간뇌 부분에 적색핵과 흑색질, 척수로 이어지는 연수, 그리고 올리브핵과 고립로핵 등을 볼 수 있습니다.

해부학 용어 중에는 겉모습 그대로 이름이 붙은 경우가 많습니다. 바닷속에 사는 해마를 닮은 부위는 해마, 올리브 열매를 닮은 부위는 올리브핵이라고 하는 것처럼요. 해부학 강의와 실습을 수강하는 학생들은 외워야 할 부위가 어마어마하게 많아 머리를 싸매는데, **이 또한 그 부위를 발견한 해부학자가 남긴 사랑의 증표랍니다.** 귀여운 내 아이에게 이름을 지어주는 것과 마찬가지거든요. 게다가 어떤 부위를 함께 보고 있다면 "여기는 이거, 저기는 저거……" 하고 알려줄 수 있지만, 시공 저편의 후손에게 무언가를 알려주려면 그 부위를 가리키는 이름이 있어야 "아, '해마'가 쪼그라들었구나" 하고 곧바로 이해할 수 있겠지요.

① 성별에 따른 뇌의 차이

『말을 듣지 않는 남자 지도를 읽지 못하는 여자』라는 책이 한때 전 세계에 열풍을 일으킨 적이 있습니다. 사실 방향 감각이 뛰어난 여자도 있고 길을 잘 못 찾는 남자도 있지만요. 과연 뇌는 성별에 따라 얼마나 차이 날까요?

뇌의 무게는 일본 성인 남성 기준 평균 1300~1500g, 여성 기준 평균 1150~1350g이며 약 65%가 이에 포함됩니다. 통계상 여성이 약 150g 가볍지만, 생식 행동에 관여하는 시상하부의 극히 일부를 제외하면 뇌의 형태에 뚜렷한 차이는 없습니다. 그래서 MRI 결과를 해석할 때는 일반적으로 남녀 모두 같은 사진을 기준으로 해석합니다.

베살리우스는 여성도 해부했지만 『파브리카』에 여성의 해부도를 싣지 않았습니다. 남성의 해부도로 대체할 수 있다고 생각해서였을까요. 그러나 18세기 프랑스의 소설가, 번역가 겸 화학자인 마리 티로 다르콩빌이라는 여성은 골학 서적을 번역할 때 여성의 골반을 강조한 삽화를 실어 생명의 탄생이라는 미덕을 강조했습니다. 그리고 1829년 출판된 스코틀랜드의 의사 존 바클레이의 책에는 남녀의 골격 옆에 각각 상징적인 동물의 골격도가 나란히 실려 있습니다. 남성의 골격 옆에는 당시 인간을 제외하고 가장 똑똑한 동물로 알려진 말의 골격이 실려 있고, 다르콩빌이 그린 여성의 골격도 옆에는 타조의 골격이 실려 있습니다. 타조를 그린 이유는 머리가 작고 목이 호리호리하며 큰 알을 많이 낳기 때문이라고 합니다. 이 때문에 남녀의 뇌 크기 차이와 그로 인한 뇌 기능의 차이가 강조되었습니다. 그리고 노예 제도가 존재하고 식민지를 확장하는 정책이 정의였던 시대에는 성별뿐만 아니라 민족(Ethnicity)[1]까지 뇌의 차이를 강조하는 데 이용되었습니다.

---

1) 문화, 언어, 종교 등 공통 요소를 토대로 형성된 사람들의 집단. 기존에는 지리적 영역에 정착한 집단을 지칭하는 용어였으나, 오늘날에는 서로 다른 지역에 떨어져 사는 민족도 있습니다.

이러한 세태의 반동으로 20세기에는 뇌과학에서 성별이나 민족에 따른 뇌의 차이를 논하지 못하도록 금기시되었습니다. 그로부터 수십 년이 지나 다양성을 중요하게 여기는 사회가 되면서 이제는 우열을 가리는 일 없이 성별에 따른 뇌의 차이를 연구할 수 있는 분위기가 만들어지고 있습니다. 뒤에서 자세히 다루겠지만, 성별에 따른 뇌 질환의 차이를 연구할 때 뇌 형성 과정과 뇌 기능에 관한 성별 차이는 주목할 만한 연구 주제입니다.

3 뇌의 구조와 기능을 이해하는 데 도움을 준 기술

죽은 사람의 뇌를 관찰한다고 뇌의 기능을 이해할 수는 없습니다. 저마다 다른 기능을 담당하는 뇌의 부위들을 과학자들은 어떻게 알아냈을까요?

문제 골상학은 어떤 학문일까?

19세기 유럽에서는 한때 골상학이 유행했습니다(그림 1-5). 골상학의 창시자는 독일의 의사이자 해부학자인 프란츠 요제프 갈. 진찰과 해부를 통해, 정신적 성향이 같으면 머리의 형태도 비슷하다고 생각한 갈은 범죄자와 성직자의 머리를 자세히 관찰했습니다. 그는 범죄자는

그림 1-5 골상학으로 분석한 뇌의 지도

▶ Wikipedia(https://ja.wikipedia.org/wiki/骨相学)에서 인용.

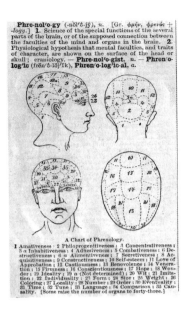

공통으로 귀 윗부분이 크므로 이에 해당하는 뇌의 부위가 범죄 성향과 관련되어 있다고 추측했습니다. 그리고 성직자 중 정수리가 도드라진 사람이 많으므로 뇌의 정수리 부분이 신앙심을 관장한다고 생각했습니다.

갈의 골상학은 하나님이 마음을 만드셨다는 당시 기독교의 교의와 맞지 않아 이단시된데다 과학적인 근거가 전혀 없는 주장이었으나, 영국을 중심으로 반향을 불러일으켰습니다. 인종 차이처럼 식민지 지배에 이용하기 좋다는 점 역시 인기의 이유 중 하나였을지도 모릅니다. 영국의 철학자 존 스튜어트 밀은 골상학을 철저히 비판했지만, 빅토리아 여왕이 골상학자에게 아들의 진찰을 맡기는가 하면 시민들이 결혼 상대를 고르거나 구직자의 적성을 판단할 때도 골상학을 활용했다고 합니다. 19세기 초반에 프랑스의 실험심리학자 장 피에르 플루랑스가 동물 실험으로 같이 주장한 뇌의 영역을 부정하며 해당 뇌 영역에 따른 행동 변화는 나타나지 않는다고 비판했지만, 20세기 중반에 **과학적인 방법으로 뇌를 이해할 수 있게 되기 전까지** 골상학의 유행은 계속되었습니다.

뇌를 관찰하는 기술: CT와 MRI의 개발

문제 **뇌의 구조와 기능은 어떻게 알 수 있을까?**

19세기 말, 독일의 물리학자 빌헬름 뢴트겐은 진공 방전 현상을 연구하던 도중 X선을 발견했습니다. X선은 오늘날에도 생체 조직을 외부에서 관찰하는 방법으로 수많은 의료 기술에 응용되고 있습니다. 여러분도 흉부 X선 사진을 찍은 적이 있을 겁니다. 하지만 X선 사진은 2차원으로 촬영한 이미지, 그러니까 '그림자'를 찍은 사진입니다. 그래서 복잡한 3차원 구조인 뇌의 정보를 읽어내기에는 부족했고, 미국의 물리학자 앨런 코맥이 컴퓨터 단층 촬영(CT)을 발명하기 전까지는 뇌를 분석할 수 없었습니다. X선을 이용한 CT 장치는 1968년 영국의 전

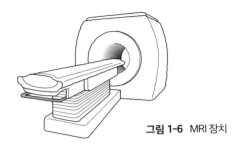

그림 1-6 MRI 장치

기 기술자 고드프리 하운스필드가 개발했으며, 코맥과 하운스필드는 이 공로를 인정받아 1979년에 노벨 생리학·의학상을 받았습니다.

한편 20세기 중반에는 물리학이 발전하면서 핵자기공명(NMR)이라는 현상을 이용해 몸속 정보를 촬영하는 방법, 즉 자기공명영상(MRI) 기술이 개발되었습니다. MRI는 고주파 자기장으로 인체 내 수소 원자에 공명 현상을 일으키고, 이때 발생하는 전파를 수신해 얻는 신호 데이터를 이미지로 구성하는 방법입니다. MRI는 수분이 많은 뇌나 혈관 같은 부위를 진단하는 데 적합하다는 엄청난 장점이 있습니다. MRI 장치 안에는 코일과 강력한 자석이 탑재되어 있으며 현재는 7테슬라나 되는 초전도 전자석이 들어가는 기기도 있습니다(그림 1-6). 1980년대부터 실용화된 MRI 장치는 종양이 생긴 부위를 찾거나 종양의 크기를 진단할 때 쓰입니다. 이 덕분에 2003년 노벨 생리학·의학상은 MRI를 의학적으로 이용할 기틀을 마련한 미국 일리노이대학의 폴 라

우터버와 영국 노팅엄대학의 피터 맨스필드에게 수여되었습니다.

MRI의 등장으로 살아 있는 인간의 뇌 구조를 조사할 수 있게 되었습니다. 그야말로 획기적인 발명이지요. 몸에 구멍을 내지 않고 질병을 진단할 수 있다는 의미에서 비침습적 검사라고도 합니다. MRI를 활용해도 이론적으로는 뇌 기능을 밝혀낼 수 없지만, 뇌졸중 환자의 MRI 사진을 찍고 뇌출혈·뇌경색이 생긴 뇌의 부위와 환자의 증상을 대조해 뇌 기능을 이해할 수 있습니다.

② 뇌과학에 이바지한 뇌손상 환자 피니어스 게이지

MRI가 발명되기 훨씬 이전, 뇌를 다친 환자의 뇌에서 얻은 정보에도 뇌의 기능을 밝힐 중요한 의미가 담겨 있었습니다. 1848년 미국에서 피니어스 게이지라는 철도 건설 기술자가 작업 도중 심각한 사고를 당했습니다. 쇠막대가 얼굴에 박히면서 왼쪽 눈 뒤를 지나 정수리를 뚫고 나오는 바람에 이마엽이 크게 손상되고 말았지요. 생명 유지에 필요한 뇌줄기가 무사했던 덕에 죽음을 면했지만, 사고를 기점으로 게이지의 성격이 완전히 바뀌었다고 담당 의사 존 마틴 할로우는 발표했고 이는 인지심리학 분야에 엄청난 파급을 가져왔습니다. 판단을 내리고 행동을 억제하는 기능을 관장하는 뇌의 부위가 마루엽이라는 추측이 제기되었기 때문입니다. 다만, 오늘날에는 게이지가 정말로 성격이 바뀌었는지 의문을 품는 시각도 존재합니다.

마찬가지로 1957년 H.M.이라는 머리글자로 증례 보고에 이름이 오른 간질 환자도 있습니다. 난치성 간질 발작을 막기 위해 안쪽관자엽 일부와 해마, 편도체 대부분을 절제하는 수술을 받은 H.M.은 새로운 기억을 저장할 수 없게 되었습니다. 이로써 수술로 절제된 부위인 해마가 기억에 필요하다는 사실이 밝혀졌습니다.

문제 뇌 속의 작은 인간, 호문쿨루스는 무엇일까?

연구적인 측면에서는 침습적인 방법으로 과감하게 뇌에 접근한 연구자가 있습니다. 1933년 캐나다의 신경외과 의사인 와일더 펜필드는 간질 환자를 대상으로 머리뼈절개술을 했을 때 뇌를 전극으로 자극하자 다양한 반응이 일어나는 현상을 발견했습니다. 원래 간질 발작의 핵심 부위를 밝히려는 시도였는데, 뇌 자체는 통각을 느끼지 못하므로 의식이 깨어 있는 상태에서 조사할 수 있었던 것이지요.

펜필드는 이 현상을 응용해 피험자의 여러 대뇌겉질 부위를 자극했을 때 언제 어떤 손가락이 움직이고 어느 부위에서 자극을 느끼는지 조사하며 대뇌겉질의 운동영역과 몸감각영역에 대응하는 각 신체 부위를 알아냈고, 이를 그림으로 나타냈습니다(그림 1-7). '호문쿨루스(Homunculus)'는 '작은 인간'을 뜻하는 라틴어로 생명과학에서는 손끝, 얼굴, 입 주변에 대응하는 대뇌겉질의 영역을 넓게 보여주는 지도를

그림 1-7 펜필드의 호문쿨루스

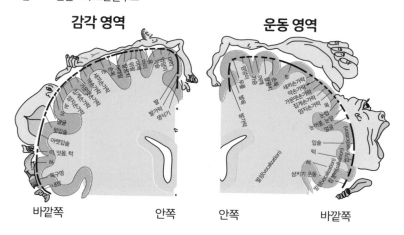

그림 1-8 새로 그린 펜필드의 호문쿨루스

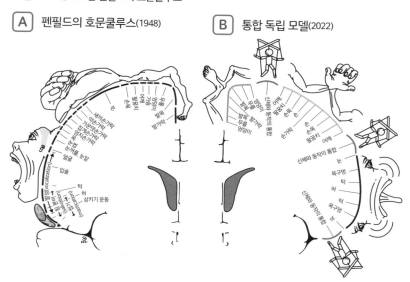

오른쪽 그림은 왼쪽 그림에 빠져 있던 운동영역의 움직임과 신체의 통합에 대응하는 영역을 나타냈다.

▶ Gordon E.M., et al., "A somato-cognitive action network alternates with effector regions in motor cortex", *Nature*, 617(7960), pp. 351-359, 2023 에서 인용.

나타냅니다. 이 호문쿨루스 지도를 최신 자료에 맞게 수정한 논문이 바로 얼마 전에 발표되었는데, 이 논문에 따르면 운동을 통합하는 영역은 일차운동영역에 존재합니다(그림 1-8).

문제 뇌과학자는 뇌 활동을 설명할 때 무엇을 참고할까?

다시 돌아와서, MRI를 뇌 기능 연구에 응용할 수 있다는 사실을 깨달은 연구자는 미국 벨연구소에서 근무하던 일본인 물리학자 오가와 세이지입니다. 오가와는 1990년 MRI 촬영으로 살아 있는 쥐의 뇌혈관에서 산소 포화도에 따라 혈관 주변의 신호가 달라지는 현상을 발견했습니다. 혈액 내 산소와 결합한 산화헤모글로빈이 뇌세포로 산소를 전달하면 본래의 헤모글로빈으로 환원되는데, 이 환원된 헤모글로빈이 늘어나면 몸의 자기장이 일부 흐트러집니다. 그리고 헤모글로빈과 산화헤모글로빈의 비율이 변하는 양상은 신호의 형태로 MRI에 기록됩니다.

오가와는 이 원리를 혈액 산소 수준 의존(Blood-oxygen-level-dependent, BOLD) 대비라고 명명했습니다. 그리고 건강한 피험자들을 대상으로 시각 자극을 주었을 때 일차시각영역의 MRI 신호가 세지는 결과를 통해 신경 활동과 혈관의 연관성을 토대로 뇌 활동을 계측할 수 있음을 알아냈습니다.

표 1-1 뇌 기능 해석에 쓰이는 검사 방법

	EEG [2]	MEG [3]	SPECT [4]	PET [5]	fMRI	NIRS [6]
공간 해상도 [7]	명확하지 않음	중간 정도	약간 나쁨 (>1~2cm) [9]	중간 정도 (>0.5~1cm) [9]	좋음 (>0.5mm) [9]	나쁨 (약 2.5cm)
시간 해상도 [8]	좋음 (20~30ms)	좋음 (2~3ms)	나쁨 (1~2회/일)	중간 정도 (>수 분)	좋음 (>0.5s) [10]	좋음 (>0.5s) [10]
침습성	없음	없음	정맥주사, 미약한 방사선	정맥주사, 미약한 방사선	없음	없음
측정 대상, 추측할 수 있는 대상	신경세포 활동의 집합을 두피 위에서 기록	신경세포 활동의 집합	국소뇌혈류량 (rCBF)	국소뇌혈류량 (rCBF), 국소뇌산소대사(rCMRO2), 국소뇌당대사 (rCMRglu) 등	국소뇌혈류량의 상대적 변화 (BOLD 신호)	국소뇌혈류량의 상대적 변화
절댓값 or 상댓값	관용적으로 절댓값	관용적으로 절댓값	상댓값	상댓값 or 절댓값	상댓값	상댓값
기록의 간편성 등	간편함, 피험자가 약간 움직이는 정도는 허용됨	불편함, 피험자는 움직일 수 없음	약간 불편함, 피험자는 대체로 움직일 수 없음	불편함, 피험자는 대체로 움직일 수 없음	간편함, 피험자는 절대 움직일 수 없음	간편함, 피험자가 약간 움직이는 정도는 허용됨

2) EEG: Electroencephalography, 뇌전도 검사. 뇌의 전기 활동을 측정한다.-옮긴이
3) MEG: Magnetoencephalography, 뇌자도 검사. 뇌의 생체 자기장을 측정한다.-옮긴이
4) SPECT: Single-photon emission computed tomography, 단일 광자 방출 컴퓨터 단층 촬영. 단일 광자(감마선)를 방출하는 방사성 동위원소를 주입해 3차원 영상으로 나타낸다.-옮긴이
5) PET: Positron emission tomography, 양전자 방출 단층 촬영. SPECT와 비슷하나 양방향으로 나오는 방사선을 동시에 검출하며 우리 몸의 대사 과정에 직접 참여하는 탄소, 질소, 산소 등을 이용한다.-옮긴이
6) NIRS: Near-infrared spectroscopy, 근적외선 분광법. 근적외선을 비추어 흡광도에 의한 혈류량을 산출한다.-옮긴이
7) 공간 해상도: 카메라로 파악할 수 있는 최소 단위. 해상도가 높을수록 더 작은 물체를 자세하게 관찰할 수 있다.-옮긴이
8) 시간 해상도: 대상을 촬영하는 빈도를 나타내는 단위. 시간당 촬영 빈도가 높을수록 해상도가 높다.-옮긴이
9) 형태를 촬영한 영상에 대응하고 표준적인 뇌로 변환하는 과정을 거친 최종 해상도.
10) BOLD의 변화가 혈류의 변화를 반영해 반응 속도가 느리다는 점을 고려한 생물학적 시간 해상도. 뇌 절편 하나를 촬영하는 데 필요한 기계적인 시간 해상도는 수십 ms(밀리초).

▶ 일본 국립특수지원교육통합연구소 발달장애교육추진센터-인간의 뇌 기능의 최신 측정 방법과 심리학적 검사 방법(http://cpedd.nise.go.jp/kenkyu/26)에서 인용.
▶ 지은이 주석: 수치는 조건에 따라 달라질 수 있습니다.

이로써 기능적 자기공명영상(fMRI)은 뇌의 기능을 이해하는 데 없어서는 안 될 장치가 되었고, 수많은 연구가 발전할 수 있었습니다. 그리고 뇌 기능을 해석할 때는 표 1-1에 소개된 여러 검사 방법을 이용하기도 하는데, 저마다 장단점이 있습니다. 더 자세히 알고 싶은 분들은 뇌 기능과 영상 진단에 관한 전문 서적을 찾아보시길 바랍니다.

③ 우리가 뇌를 일부만 사용하고 있다고?

fMRI를 이용한 뇌과학 연구는 뇌과학의 이해도를 높이는 동시에 뇌과학을 향한 사람들의 관심을 단숨에 끌어올렸습니다. 하지만 그 때문에 뇌에 관한 잘못된 속설도 수없이 등장했습니다. "우리는 평소에 뇌를 100% 사용하지 않는다"라는 말도 그중 하나입니다. 정말로 그럴까요?

fMRI를 이용한 연구는 조사하고자 하는 뇌 기능을 포함하는 작업과 대조되는 작업을 설정한 다음, 연구에 동의한 피험자가 MRI 기계 안에 들어가 있는 동안 작업을 실행해 얻은 fMRI 데이터를 해석하는 방식으로 진행됩니다.

일본 간사이대학의 이시즈 도모히로 교수가 영국 런던 유학 당시 참여한 연구 주제인 '아름다움에 반응하는 뇌 부위 탐색'을 예로 들어 설명해볼까요. 이시즈 교수는 건강하고 인종과 종교 등이 서로 다른 젊은 남녀 20명을 모집했습니다. 이 피험자들에게 초상화와 풍경화 45장을 차례대로 16초씩 보여준 다음 예쁘다고 느꼈는지 물어보면서 fMRI로 뇌를 촬영했는데요. 그 결과, 예쁘다고 느끼지 않았을 때와 비교해 예쁘다고 느꼈을 때 마루엽의 일부인 안쪽눈확이마겉질(Medial orbitofrontal cortex, mOFC)의 혈류량이 증가했고, 아름다움을 느낄수록 뇌의 활동량도 증가했습니다. 아름다움에 대응하는 뇌 활동이 음악을

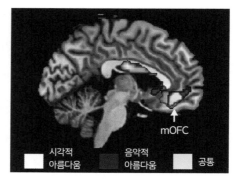

그림 1-9 아름다움을 느꼈을 때의 뇌 활동

아름다움을 느끼는 뇌의 부위는 안쪽눈확이마겉질에 존재한다.

▶ Ishizu, T. & Zeki, S., "Toward a brain-based theory of beauty", *PLoS One*, 6(7), 2011에 게재된 사진을 이시즈 도모히로 교수님께서 수정 후 제공.

들을 때도 똑같이 나타나는 결과를 통해 이 부위가 추상적인 '미'에 관여한다는 사실이 확실해졌습니다(그림 1-9).

책에는 흑백 사진이 실렸지만, 실제 뇌 사진에서 컬러로 표시된 부분은 뇌 전체를 봤을 때 매우 작은 영역입니다. 대조되는 뇌 활동(위 사례에서는 예쁘다고 느끼지 않은 그림을 봤을 때의 활동)을 뺀 다음 피험자 전체에서 공통되는 부분을 추출했기 때문이지요.

④ 좌뇌형 인간, 우뇌형 인간?

좌뇌가 발달하면 논리적, 우뇌가 발달하면 직감적이라는 말을 들어본 적 있으신가요? 이것도 뇌에 관한 속설입니다.

그렇지 않은 사람도 있지만, 인간의 언어 중추는 대부분 왼쪽 마루엽과 관자엽에 있습니다. 그래서 좌뇌가 발달하면 논리적이고 우뇌가 발달하면 감각적·직감적이라는 억측이 생기지 않았을까 추측해봅니다. 사람들은 직관적이라는 이유로 무언가를 두 분류로 나누기 좋아하니까요.

여하튼 '좌뇌형 인간=성실한 사람, 꼼꼼한 사람, 노력하는 사람', '우뇌형 인간=낙천적인 사람, 주관이 확실한 사람, 자기중심적인 사람'이라는 인식은 골상학보다도 과학적인 근거가 부족한 엉터리랍니다.

4 뇌의 역할 분담

이제 뇌의 주요 부위가 각각 어떤 역할을 맡고 있는지 알아볼 차례입니다.

문제 생각하고 감각을 느끼는 데 관여하는 뇌 부위는 어디일까?

대뇌반구 표면을 덮고 있는 부위를 대뇌겉질이라고 하며, 일반적으로 6층 구조입니다. 얼핏 봐선 균일한 조직처럼 보이지만 영역마다 서로 다른 기능을 담당합니다. 대뇌반구는 가장 큰 고랑인 가쪽고랑(실비우스틈새)을 비롯해 중심고랑, 마루뒤통수고랑 등 세 고랑을 기준으

그림 1-10 주요 뇌고랑

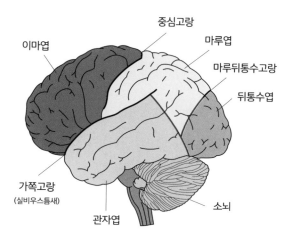

로 크게 네 개의 뇌엽으로 나뉩니다(그림 1-10).

중심고랑 앞에 위치하는 이마엽에는 앞이마엽, 일차운동영역 등이 있습니다. 진화적 관점으로 보면 인간의 기관 중 가장 발달한 **고등 정신 기능[11]을 담당하는 핵심 부위로 여겨집니다.**

마루엽은 중심고랑 뒤이자 마루뒤통수고랑 앞에 위치하며 **감각 정보를 통합하는 부위입니다.** 시각 공간 처리와 숫자 계산에도 관여하며, 다른 세 대뇌엽에 비해 여전히 비밀이 많은 부위입니다.

뒤통수엽은 마루뒤통수고랑 뒤에 위치하며 인간의 네 대뇌엽 중 가

---

11) 고등 정신 기능이란 시각, 청각, 촉각, 위치감각 등 감각 기관으로부터 얻은 정보를 분석·통합하고 이를 토대로 운동을 수행하는 일련의 기능으로, 보통 대뇌가 담당합니다.

장 작은 영역이자 가장 먼저 기능이 밝혀진 부위이기도 합니다. 뒤통수엽은 **시각과 색채를 인식하는 부위로 물체의 크기, 방향, 명암 등의 인지에도 관여합니다.**

　마지막으로 가쪽고랑 아래에 위치하는 관자엽은 **청각을 담당하며 언어 기능에도 중요한 부위**입니다. 인간의 언어 중추는 대부분 왼쪽 관자엽에 있으므로 왼쪽 대뇌반구를 다치면 언어 기능에 이상이 생기고 오른쪽 반신불수 상태가 됩니다.

수의운동과 감정에 관여하는 겉질밑조직

대뇌겉질 안쪽에는 대뇌바닥핵이라는 영역이 있습니다. 대뇌바닥핵은 대뇌겉질과 시상과 뇌줄기를 연결하는 신경핵 복합체이며 줄무늬체, 창백핵, 꼬리핵, 조가비핵, 흑색질 등으로 구성되어 있습니다(그림 1-4B). 신경핵은 뉴런(신경세포)[12]이 모여 만들어진 조직입니다. 대뇌바닥핵에 장애가 있는 퇴행성 신경질환 환자의 어색한 움직임과 가만히 있을 때 나타나는 안정 떨림(Rest tremor) 증상을 통해 **대뇌바닥핵이 수의운동에 중요한 역할을 한다는 사실이 밝혀졌습니다.**

　둘레계통은 대뇌바닥핵 바깥을 둘러싸는 형태로 존재하며 해마, 편도체, 기댐핵, 그리고 옛겉질과 후각망울이 이에 속합니다. **단기 기억,**

---

12) 1장에서는 뇌를 구성하는 세포이며 형태가 다양하다는 사실만 짚고 넘어가겠습니다.

감정의 표출, 의욕 등에 관여하며 최근에는 다양한 정신질환과의 관련성이 제기되어 주목받는 부위입니다. 정신질환은 4장에서 자세하게 설명하겠습니다.

운동 학습에 관여하는 소뇌

다음은 소뇌입니다. 소뇌는 표면의 소뇌겉질과 안쪽에 있는 소뇌핵으로 이루어져 있습니다. 대뇌겉질보다 크기는 작지만 뉴런의 밀도는 대뇌겉질보다 높습니다. **소뇌는 정확하고 원활하게 운동하기 위한 학습 기능의 핵심 부위입니다.**

자전거를 타거나 악기를 능숙하게 연주하는 것처럼 반복된 경험으로 얻어지는 기억을 절차 기억이라고 하며, 특정 사건이 일어난 시간과 장소에 관한 기억인 일화 기억과 구분됩니다. 절차 기억은 대뇌바닥핵과 소뇌가 담당합니다. 저는 같은 아파트의 다른 호수로 이사했을 때 한동안 엘리베이터를 타면 이전 집 층수 버튼을 누르곤 했는데, '이것이 절차 기억이구나, 아직 대뇌바닥핵에 새 신경 회로가 만들어지지 않았구나' 하고 생각한 적이 있답니다. 기억에 대해서는 이번 장 끝에서 알아보겠습니다.

식물인간 상태에서도 활동하는 뇌의 영역

뇌 안쪽을 차지하는 뇌줄기에는 사이뇌, 중간뇌, 다리뇌, 연수가 있습니다. 사이뇌를 제외한 부위를 아래뇌줄기라고도 합니다. 의식은 없지만 스스로 호흡할 수 있는 이른바 **식물인간 상태에서 뇌의 고등 정신 기능에는 장애가 생기지만 뇌줄기는 정상적으로 움직입니다.** 반면 뇌사 상태에서는 뇌줄기의 기능도 상실되기 때문에 약물과 생명유지장치의 도움 없이는 생존할 수 없습니다.

다음으로 뇌줄기의 각 부위를 알아볼까요?

• 사이뇌

사이뇌에는 시상, 시상하부, 솔방울샘이 있습니다. 1장 ①에도 등장한 솔방울샘은 완두콩 정도의 크기로, 밤낮에 따른 일주기 리듬[13]을 조절하는 호르몬인 멜라토닌을 분비하는 기관입니다(그림 1-1).

시상은 후각을 제외한 모든 감각의 입력을 중계하는 중요 부위로, 대뇌새겉질과 대뇌바닥핵으로 정보를 전달합니다.

시상하부는 작은 조직이지만 내분비와 자율 기능을 조절하는 통합 중추인 만큼 매우 중요합니다. 수많은 신경핵으로 이루어져 있으며, 체온을 조절하고 스트레스에 반응하고 음식을 먹고 잠을 자고 일어나는 등 다양한 생리 기능을 제어합니다.

13) Circadian rhythm: 24시간 주기로 나타나는 생체 리듬.-옮긴이

• 중간뇌

중간뇌는 중간뇌덮개, 중간뇌뒤판, 대뇌다리, 세 부분으로 이루어져 있습니다. 중간뇌덮개에는 시각 반사 중추인 위둔덕과 청각 중추인 아래둔덕이 있고, 중간뇌뒤판에는 흑색질과 적색핵 등 주로 운동 제어에 관여하는 신경핵이 존재합니다(4장 참조). 그리고 눈돌림신경핵과 도르래신경핵 등 눈 운동을 지배하는 뇌신경핵도 있습니다.

• 다리뇌

다리뇌는 앞뒤로 중간뇌와 연수 사이에 낀 부위이며 넷째뇌실을 끼고 뒤쪽에 소뇌가 있습니다(그림 1-4A). 칼럼 ⑤에서 설명할 삼차신경, 갓돌림신경, 얼굴신경, 안뜰신경 등 수많은 뇌신경이 시작되는 지점이자 이러한 신경들이 담당하는 기능의 중추입니다. 그리고 대뇌겉질에서 소뇌로 운동 출력을 전달하는 경로이기도 합니다.

• 연수

마지막으로 연수는 뇌줄기 중 가장 꼬리쪽에 위치하며 연수의 머리쪽은 다리뇌, 꼬리쪽은 척수와 이어져 있고 등쪽에는 소뇌가 있습니다(머리쪽과 꼬리쪽이 무엇인지는 3장에서 자세히 설명하겠습니다). 호흡, 순환, 삼키기, 구토, 침 분비, 소화 등의 중추를 비롯해 생명 유지에 없어서는 안 될 기능들을 담당합니다.

⑤ 중추신경과 말초신경

이번 칼럼에서는 중추신경과 말초신경의 차이를 알아보겠습니다.

간단하게 정의하면 중추신경계는 지금까지 설명한 대뇌, 소뇌, 뇌줄기와 척수를 함께 일컫는 부위로 3장에서 다룰 신경계의 원기(기원이 되는 세포)인 신경관으로 구성된 기관계입니다. 중추신경계 중 대뇌, 소뇌, 뇌줄기를 통틀어 '뇌'라고 부르므로 뇌와 척수로 이루어진 중추신경계를 다른 말로 뇌척수라고도 합니다.

한편 말초신경계는 뇌척수에서 나온 신경섬유 다발을 일컫는 말입니다(그림 1-11). 뇌 바닥면의 대뇌와 뇌줄기에서는 뇌신경 12쌍이, 척수에서는 척수신경 31쌍이 뻗어 나옵니다. 뇌신경마다 표 1-2와 같이 이름이 붙어 있는데, 의학을 공부하는 학생이라면 주문 외우듯 암기해야 합니다.

말초신경계는 크게 감각과 운동을 제어하는 몸신경계와 내장·혈관 등의 자율 제어에 관여하는 자율신경계로 나뉩니다. 몸신경계는 입력을 담당하는 감각신경과 출력을 담당하는 운동신경으로 나뉘는데, 척수에 있는 연합신경이 감각신경과 운동신경 사이를 연결합니다. 그러므로 가령 뜨거운 냄비에 손을 댔다가 후다닥 떼는 반사 작용이 일어날 때는 감각신경(말초신경계) → 척수(중추신경계) 내 연합신경 → 운동신경(말초신경계) 순서로 신호가 전달됩니다. 그러므로 운동신경 뉴런의 세포체는 척수 안에 있지만, 척수를 거치는 무조건 반사가 일어날 때는 신호가 말초신경계와 중추신경계를 왔다 갔다 합니다. 이처럼 무의식적으로 일어나는 무조건 반사는 굉장히 빠른데, 자극을 수용해서 근육이 움직일 때까지 겨우

그림 1-11 중추신경과 말초신경

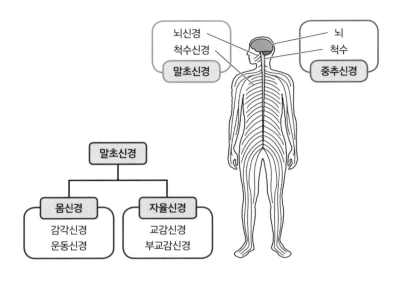

표 1-2 뇌신경 12쌍

제 1 뇌신경	후각신경	제 7 뇌신경	얼굴신경
제 2 뇌신경	시각신경	제 8 뇌신경	안뜰신경
제 3 뇌신경	눈돌림신경	제 9 뇌신경	혀인두신경
제 4 뇌신경	도르래신경	제 10 뇌신경	미주신경
제 5 뇌신경	삼차신경	제 11 뇌신경	더부신경
제 6 뇌신경	갓돌림신경	제 12 뇌신경	혀밑신경

수~수십 ms(밀리초)밖에 걸리지 않습니다.

자율신경계는 교감신경과 부교감신경으로 나뉩니다. 간단히 말하면 교감신경계는 '전투태세'를 취하게 하는 신경계, 부교감신경계는 '휴식'을 취하게 하는 신경계입니다.

교감신경계는 척수에서 나온 신경섬유가 교감신경줄기의 신경절에서 다음 신경세포와 교대하는 형태로 뻗어 나와 심장과 혈관에 분포합니다. 즉, 교감신경은 신경절까지 뻗은 섬유와 신경절에서 다시 뻗어 나온 섬유, 두 종류의 신경섬유로 구성되며 각각 신경절이전섬유, 신경절이후섬유라고 합니다. 2장에서 설명할 신경전달물질 중 하나인 노르아드레날린을 이용하는 아드레날린 작동성 신경이 바로 교감신경입니다.

부교감신경계도 교감신경계처럼 지배하는 장기 근처에 신경절이 존재하며 신경절이전섬유와 신경절이후섬유로 이루어져 있습니다. 신경전달물질로 아세틸콜린을 이용하므로 콜린 작동성 신경이라고도 합니다.

5 학습과 기억

어떤 생물이든 환경의 변화에 적응하며 살아남기 위한 전략을 구사합니다. 수명이 짧은 생물이라면 몸에 내장된 시스템만으로도 한평생 사는 데 지장이 없겠지요. 그러나 오랜 세월을 살아야 하는 생물은 환경으로부터 온갖 정보와 살아가는 데 필요한 대응법을 학습하고 기억해야 합니다. 인간의 뇌는 여기에 필요한 '유연함'이 특화되어 있습니다.

기억을 유지 기간에 따라 분류하면 감각 기억, 단기 기억, 장기 기억으로 나뉩니다. 감각 기억은 영상과 음성을 약 1초 동안 유지하는 기억으로, 감각 기관이 관여합니다. 단기 기억은 작업 기억으로도 분류되는데, 이를테면 전화를 거는 동안 일고여덟 자리의 전화번호를 외울 수 있는 것도 단기 기억 덕분입니다. 그리고 장기 기억은 수십 년에 걸쳐 쌓인 대량의 정보를 유지하는 기억입니다.

장기 기억은 언어로 표현할 수 있는가에 따라 명시적 기억과 암묵적 기억으로 나뉩니다. 명시적 기억에는 의미 기억과 일화 기억이 있습니다. "2018년에 평창에서 올림픽이 개최되었다"는 의미 기억, "올해 생일에 친구와 영화를 보러 갔다"는 일화 기억입니다. 암묵적 기억의 대표적인 예시는 ④에서 소개한 절차 기억인데, 자전거 타는 법이나 피아노 치는 법처럼 반복되는 운동으로 정착된 기억을 의미합니다.

신경과학자들은 기억이 무엇인지 밝히고자 오랜 세월 도전해 왔습니다. 인간에게 직접 임상시험을 할 수 없기에, 다루기 쉬운 실험동물인 마우스와 래트(Rat) 등의 설치류를 이용한 행동 실험이 기억을 주제로 한 뇌과학 연구의 중심이 되었습니다. 의미 기억은 동물 실험으로 연구할 수 없지만, 일화 기억을 연구할 때는 종종 설치류를 이용합

그림 1-12 공포 조건화에 학습된 기억을 확인하는 실험

A 배경에 대한 공포 조건화

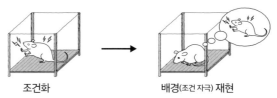

조건화   배경(조건 자극) 재현

B 소리에 대한 공포 조건화

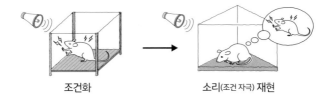

조건화   소리(조건 자극) 재현

A) 쥐를 네모난 실험용 케이지에 넣고 바닥에 전기 자극을 가하면 이 상황을 기억한 쥐는 네모난 케이지에 들어가기만 해도 공포심을 느끼고 위축된 행동을 보인다.
B) 쥐를 네모난 케이지에 넣고 전기 자극을 줄 때마다 소리를 들려주면 형태가 다른 케이지에 넣고 소리를 들려주기만 해도 위축된 행동을 보인다.

▶ 뇌과학 사전-공포 조건화(https://bsd.neuroinf.jp/wiki/恐怖条件づけ)를 토대로 작성.

니다. 쥐를 케이지에 넣고 바닥에 전기 자극을 주어 공포를 느끼게 했을 때 쥐가 케이지의 형태를 공포와 연관 지어 기억하는가, 즉 조건화된 기억이 형성되었는가를 알아보는 실험입니다(그림 1-12). 이러한 실험을 통해 단기 기억이 해마에 일차적으로 저장되었다가 약 일주일에서 한 달에 걸쳐 대뇌겉질로 옮겨진다는 사실이 밝혀졌습니다.

기억은 '자신이 누구인가'를 정의하는 데 중요한 기능입니다. 한때 철학에서 다루었던 질문에 대한 답을 오늘날에는 과학적으로 접근해서 찾을 수 있게 되었지요. 뇌과학은 그만큼 매력적인 학문이라고 할 수 있겠습니다.

참고문헌

- 구도 요시히사 지음, 『改訂版 もっとよくわかる！脳神経科学(머릿속에 더 잘 들어오는 뇌신경과학 개정판)』(요도샤, 2021)

- 론다 쉬빈저 지음, 조성숙 옮김, 『두뇌는 평등하다』(서해문집, 2007)

- 이시즈 도모히로 지음, 강미정·민철홍·김지수 옮김, 『아름다움과 예술의 뇌과학』(북코리아, 2023)

- Eric Kandel, et al., *Principles of Neural Science 6th edition*(McGraw-Hill Education, 2021)

- Heinrich Lanfermann, et al., *Cranial Neuroimaging and Clinical Neuroanatomy: Atlas of MR Imaging and Computed Tomography 4th edition*(Thieme, 2019)

- Gordon E.M., et al., "A somato-cognitive action network alternates with effector regions in motor cortex", *Nature, 617*(7960), pp. 351-359, 2023, doi:10.1038/s41586-023-05964-2.

그림 1-13 우리는 어디에서 와서 어디로 가는가

▶ Wikipedia: 우리는 어디에서 와서 어디로 가는가(https://ja.wikipedia.org/wiki/我々はどこから来たのか_我々は何者か_我々はどこへ行くのか)에서 인용.

제 2 장

다양한 동물의 뇌와 뇌를 만드는 세포

Santiago Ramón y Cajal

1 뇌가 있는 동물, 뇌가 없는 동물

'뇌'라는 기관은 인류의 진화 과정 중 언제 나타났을까요? 설명에 앞서, 구조가 단순한 생물의 신경계부터 알아보겠습니다.

문제 **히드라도 뇌가 있을까?**

히드라는 해파리와 마찬가지로 자포동물에 속합니다. 촉수에 있는 '자포'라는 세포에 독액이 들어 있어서 붙은 이름이지요. 같은 자포동물이라도 물에 떠다니는 메두사(Medusa)형 동물인 해파리와 달리 히드라는 다른 물체에 부착하는 폴립(Polyp)형 동물입니다. 히드라의 몸은 이배엽성, 즉 바깥쪽 세포층과 안쪽 세포층 두 종류로 이루어져 있습니다. 한쪽 끝에는 입이 달려 있고 입 반대쪽 끝으로 물체에 붙어 있습니다. 입 주변의 촉수로 먹이를 잡아먹고 소화하지요. 이러한 히드라의 신경계는 **산만신경이라고 하며, 신경세포가 바깥쪽 세포층에 넓게 퍼져 있습니다.** 입 주변 뉴런의 밀도가 약간 높지만 두드러지는 차이는 없고, **신경 중추가 따로 존재하지 않습니다**(그림 2-1 왼쪽).

문제 **곤충도 뇌가 있을까?**

그림 2-1 히드라와 곤충의 신경계

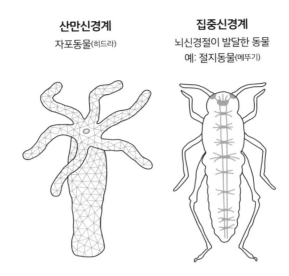

산만신경계
자포동물(히드라)

집중신경계
뇌신경절이 발달한 동물
예: 절지동물(메뚜기)

▶ 와다 마사루 지음, 다카다 고지 편집협력, 『기초부터 배우는 생물학·세포생물학 제4판』(요도사, 2020)에서 일부 발췌해서 인용.

　한편 몸이 마디 구조인 곤충은 바깥쪽 세포층과 안쪽 세포층 사이에 또 다른 세포층이 있는 삼배엽성 동물로, 곤충의 신경계는 사다리 신경계라고 합니다(그림 2-1 오른쪽). **몸을 구성하는 각 마디에 명령을 내릴 수 있도록 발달한 사다리 신경계는 머리에 뉴런이 집중된 구조입니다.** 이러한 뉴런의 집합체는 우리 인간의 뇌 구조와 매우 다르지만, **넓게 보면 신경 중추가 존재하는 신경계를 이루었다고도** 할 수 있습니다. 곤충의 사다리 신경계는 몸 배쪽에 존재하지만, 인간의 신경계는 등쪽에 위치한다는 점에서도 다릅니다.

척추동물의 조상은 누구일까?

　척추동물의 조상은 멍게가 속한 척삭동물입니다. 멍게는 시장에서도 팔 만큼 흔한 해산물이지만 생김새를 바로 떠올리지 못하는 분도 종종 있습니다. 멍게를 뜻하는 영어 단어 'Sea pineapple'로도 알 수 있다시피 파인애플처럼 생긴 딱딱한 껍질 안에 먹음직스러운 멍게의 몸이 숨어 있는데, 이는 바위에 붙어서 움직이지 않는 성체 멍게의 생활 양식 때문입니다. 거의 움직이지 않는 탓에 멍게가 동물이 아니라고 생각할지도 모릅니다. 하지만 올챙이처럼 생긴 멍게 유생은 바닷속을 떠돌아다닙니다(그림 2-2). **학자들은 이 상태를 척추동물의 조상으로**

그림 2-2 멍게 유생과 머리 발달 현상

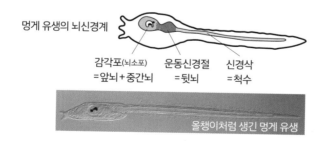

멍게의 뇌는 인간 뇌의 축소판

멍게 유생의 뇌신경계

감각포(뇌소포) 　　운동신경절　　신경삭
=앞뇌+중간뇌　　=뒷뇌　　　=척수

올챙이처럼 생긴 멍게 유생

인간의 뇌를 구성하는 신경세포는 1천억 개, 멍게의 뇌에 존재하는 신경세포는 겨우 100개!

▶ 고난대학 프런티어 연구 추진 기구-고난대학의 연구 역량(https://www.konan-u.ac.jp/front/research/research/メダカとホヤ)에서 인용.

간주합니다. 눈과 입이 있는 멍게 유생의 머리 부분에 중추신경계가 존재하기 때문이지요.

여기서 잠깐 진화 과정 중 머리 발달 현상을 짚고 넘어갈까요? 앞에서 소개한 히드라와 해파리의 몸 구조는 방사대칭형입니다. 그러나 곤충과 척추동물은 대부분 좌우대칭형이지요. 몸이 좌우대칭형인 동물들은 먹이를 먹는 입 부분이 진행 방향, 즉 앞에 위치하므로 먹이를 감지하는 감각 기관도 입 주변에 모입니다. 그로 인해 신경계도 입 주변에 집중되어 형성되고 이 부분이 '머리'라는 기관으로 발달합니다 (그림 2-2). 이것이 머리 발달, 즉 두화(Cephalization) 현상입니다.

2 뇌의 크기와 지능

문제 뇌는 진화 과정에서 어떻게 커졌을까?

진화 과정에서 중추신경계의 기능이 머리에 집중된 결과, 뇌라는 기관은 점점 커졌습니다. 몸이 커지면 커진 몸을 정상적으로 움직이기 위해 몸을 지배하는 신경계도 함께 성장하므로 뇌의 크기를 연구할 때 몸무게와의 연관성을 빼놓을 수 없습니다.

그림 2-3은 어류, 파충류, 조류, 포유류 등 척추동물의 몸무게와 뇌

그림 2-3 척추동물의 몸무게와 뇌 무게의 상관관계(어류, 파충류, 조류, 포유류)

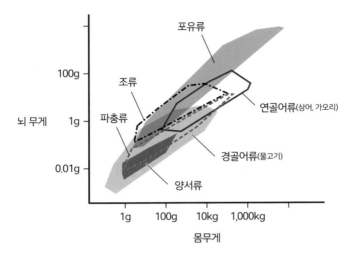

▶ Tsuboi M., et al., "Breakdown of brain-body allometry and the encephalization of birds and mammals", *Nat Ecol Evol, 2*(9), pp. 1492–1500, 2018 에서 인용.

무게를 비교한 자료입니다. 모두 몸무게에 비례해 뇌 무게가 증가하는 경향을 보이는데, 공룡을 비롯한 파충류나 어류와 비교했을 때 **조류 와 포유류의 뇌는 몸무게에 비해 무거웠습니다.** 포유류가 조류보다도 큰 뇌를 형성할 수 있는 이유에 대해서는 3장에서 발생학적 관점으로 접 근해 보겠습니다.

문제 뇌가 클수록 지능도 높을까?

그림 2-4는 포유류를 대상으로 조사한 몸무게와 뇌 무게의 상관관

그림 2-4 포유류의 몸무게와 뇌 무게

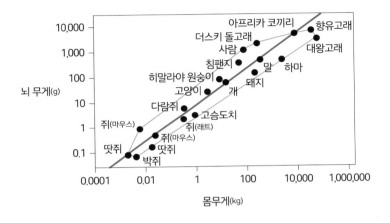

▶ Coral reef regeneration(http://cr2chicago.weebly.com)에서 인용.

계입니다. 여기서도 양의 상관관계, 즉 몸무게가 무거울수록 뇌 무게도 많이 나가는 양상을 보이며, 인간은 이 회귀 직선에서 멀리 떨어져 있으므로 뇌가 몸무게 대비 무겁다고 할 수 있습니다. 뇌 무게를 몸무게로 표준화한 값을 대뇌화 지수(Encephalization quotient, EQ)라고 하는데요. 인간의 높은 대뇌화 지수를 보면 진화 과정 중 어느 시점에 인간의 뇌를 형성하는 데 필요한 프로그램이 향상되었구나 하고 상상하게 됩니다.

화석을 근거로 유인원에서 현생 인류로 진화하는 동안 뇌의 용적 변화를 보면(그림 2-5) **현생 인류의 뇌는 사람족(Hominini)과 현생 유인원의**

그림 2-5 유인원에서 현생 인류에 이르기까지 뇌 용적의 변화

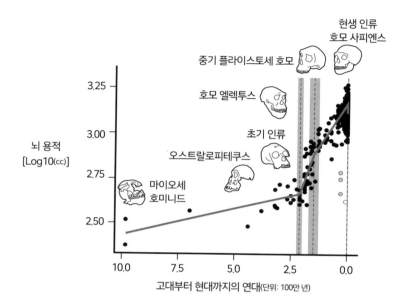

사람과(科) 동물이 최초로 탄생한 이래로 250만 년 전 초기 현생 인류에 이르기까지 뇌 용적의 증가 비율과 비교했을 때, 초기 현생 인류가 등장한 이후 뇌 용적이 급격히 증가했다.

▶ DeSilva J.M., et al., "When and Why Did Human Brains Decrease in Size? A New Change-Point Analysis and Insights From Brain Evolution in Ants", *Front Ecol Evol, 9,* 2021에서 일부 발췌한 내용을 토대로 작성.

뇌보다 약 3배나 큽니다. 한때는 멸종한 네안데르탈인의 뇌가 현생 인류보다 크다는 설도 있었지만, 최신 연구 자료에 따르면 둘의 차이는 그리 크지 않습니다. 그러나 어떠한 차이로 네안데르탈인은 멸종하고 현생 인류는 살아남았는지는 여전히 수수께끼입니다.

⑥ 아인슈타인의 뇌는 무엇이 다를까?(그림 2-6)

1879년 독일에서 태어난 알베르트 아인슈타인은 상대성이론, 광양자설 등 물리학에 엄청난 영향을 미친 이론들을 확립한 천재입니다. 그는 1922년 일본을 방문해서 도호쿠대학에도 다녀갔는데, 당시 일 년 동안 시상이 보류되었던 노벨 물리학상을 정식으로 받게 되었다는 소식을 일본으로 향하던 도중 들었다고 합니다. 이론물리학의 천재인 아인슈타인이 다른 사람과의 소통에 장애가 있었고 언어도 다른 사람보다 늦게 발달했다는 일화로 보아, 그에게 자폐 스펙트럼 장애가 있지 않았을까 추측하는 사람도 있습니다.

누구라도 이러한 아인슈타인의 뇌를 궁금해할 것입니다. 1955년 4월 18일에 아인슈타인이 76세의 나이로 세상을 떠난 뒤, 토마스 스톨츠 하비라는 미국의 병리학자가 프린스턴대학에서 아인슈타인의 부검을 진행했습니다. 모두의 예상과 달리 아인슈타인의 뇌는 1,230g으로 평균 성인 남성의 뇌보다 가벼웠습니다. 하비는 당시 유족의 허가를 받지 않고 아인슈타인의 뇌에서 170개의 단편을 연구용으로 잘라내어 현미경 표본용 절편으로 만들었습니다. 하비는 저명한 병리학자였던 캘리포니아대학 버클리캠퍼스의 매리언 다이아몬드에게 자신이 쓸 절편을 제외한 나머지 표본의 해석을 맡겼고, 그 결과는 논문으로 발표되었습니다(Diamond

그림 2-6 알베르트 아인슈타인

M.C., et al., *Exp Neurol*, 1985). 다이아몬드가 분석한 표본은 일부에 지나지 않았지만, 아인슈타인의 뇌에서는 평균적인 남성의 뇌보다 신경아교세포의 비율이 높게 나타났습니다. 신경아교세포는 ③에서 자세히 다루겠습니다.

이 사례만으로 아인슈타인의 뇌 전체를 논하기는 어렵습니다. 하지만 아인슈타인의 뇌가 일반 성인 남성보다 크기는 작은데 신경아교세포의 비율이 높았다는 결과로 보아, 뇌의 고등 정신 기능은 뇌의 크기만으로는 헤아릴 수 없을뿐더러, 아직 밝혀진 바가 적은 신경아교세포의 기능에 대해서도 상상의 나래를 펼치게 됩니다.

위 일화는 2018년, 2020년에 일본 NHK 방송 〈아인슈타인: 사라진 천재의 뇌를 쫓아라〉에서도 다룬 적이 있습니다. 아인슈타인 사후 해부된 뇌 표본이 지금 어디에 있는지 확실하게 알 수는 없지만, 앞으로 재능 있는 사람들을 분석할 때 흥미로운 접근 방식이 될지도 모르겠습니다.

---

3 뇌를 만드는 세포들

한때 인간의 몸에는 60조 개의 세포가 있다고 알려졌지만, 지금은 약 37조 개로 추정되고 있습니다. 그중 뇌에는 어떤 세포가 얼마나 있을까요?

신경 활동의 주인공, 뉴런

인간의 뇌에는 약 860억 개의 뉴런(Neuron, 신경세포)이 존재합니다. '~ 런(ron)'이라는 접미사는 작은 단위를 의미하는데, 이를테면 신장의 구조·기능 단위인 네프론(Nephron) 역시 같은 원리로 붙은 이름입니다. 뉴런이라는 용어는 19세기 스페인의 신경해부학자 산티아고 라몬 이 카할이 붙였습니다. 카할은 각종 동물의 뇌 절편을 현미경으로 관찰하고 스케치를 그려 뇌의 구조를 분석했습니다. 얼핏 보면 섬유가 복잡하게 얽힌 구조 같지만, **사실 뇌가 뉴런이라는 세포로 이루어진 기관임을 인지하고 표현한 그림입니다.** 1906년 카할과 노벨 생리학·의학상을 공동 수상한 이탈리아의 병리학자 카밀로 골지는 카할과 달리 뇌가 하나의 연결망으로 이루어진 구조라고 생각했습니다. 의견이 정반대인 두 저명한 과학자가 노벨상을 공동 수상하게 된 이유는 당시 시대가 지금으로서는 생각할 수 없을 만큼 목가적이어서가 아닐까요.

뇌의 뉴런은 대뇌에 약 160억 개, 소뇌에는 대뇌보다도 많은 약 690억 개 존재합니다. 뉴런은 형태가 매우 다양한데, 대부분 긴 돌기가 달려서 전기 신호를 빠르게 전달할 수 있습니다. 이를 신경 전달이라고 합니다. 뉴런끼리는 이후 자세히 다룰 시냅스라는 구조로 이어져 있어서 신경 회로, 즉 신경망을 구성합니다. 우리의 뇌에서 이루어지는 고등 정신 기능의 밑바탕을 이루는 구조가 바로 이 신경망입니다.

뉴런에는 돌기가 있다고 소개했는데요(그림 2-7). 축삭이라는 긴 돌기

그림 2-7 뇌를 이루는 세포들

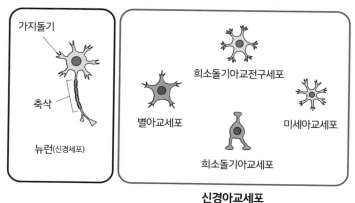

뇌세포에는 모두 복잡한 형태의 돌기가 달려 있다

가지돌기

희소돌기아교전구세포

별아교세포

미세아교세포

축삭

희소돌기아교세포

뉴런(신경세포)

신경아교세포

▶ 오스미 노리코 지음, 『뇌의 발생과 발달: 신경발생학 입문』(아사쿠라쇼텐, 2010)을 토대로 작성.

와 가지돌기라는 나뭇가지처럼 갈라져 나온 돌기가 달린 구조가 일반적인 뉴런의 형태입니다. 그 밖에도 다양한 형태의 뉴런이 있습니다.

신경아교세포에 속한 세포들

소뇌보다 큰 대뇌의 뉴런이 소뇌보다 적은 이유는 뉴런이 아닌 세포, 통칭 신경아교세포(Glial cell)가 대뇌에 많기 때문입니다. 아교, 즉 풀(Glue)이 이름에 붙은 만큼 신경아교세포는 뉴런 사이사이를 메우며 뉴런을 보호하는 역할로 알려져 왔습니다. 특히 대뇌에는 별아교세포(Astrocyte)의 비율이 소뇌보다 높은데, 별아교세포는 시냅스에 관여하는 중요한 세포입니다(⑥ 참조). 그리고 뇌에는 혈관도 있습니다. 혈관과 직접 이어져 있지 않은 뉴런에 산소와 영양분이 전달될 수 있는 이유는 혈관과 뉴런 사이에 존재하는 별아교세포 덕분입니다(그림 2-7). 흔히 뇌졸중이라고 불리는 상태가 되면 뇌혈관이 파열해 출혈이 생기거나(뇌출혈) 혈관이 막혀(뇌경색) 산소와 영양분을 뉴런으로 전달할 수 없게 됩니다. 그렇게 되면 **뉴런이 손상되면서 뇌 기능에도 이상이 생깁니다.**

신경아교세포에는 별아교세포 외에도 희소돌기아교세포(Oligoden-drocyte)와 미세아교세포(Microglia)가 있습니다(그림 2-7).

희소돌기아교세포는 뉴런에 달린 긴 돌기(축삭) 주위를 빙글빙글 감아 말이집이라는 절연 케이블을 만듭니다. 이 말이집 덕분에 **뉴런의 신경 전달 속도는 자전거에서 고속 열차 수준으로 빨라집니다.** 이 부분은 ⑦에서 설명하겠습니다.

면역 세포인 미세아교세포는 청소부 역할을 하는 세포로, 뇌 발달 과정에 중요한 역할을 합니다. 이에 대해서는 4장에서 자세히 다루겠습니다.

4 뇌세포와 다른 장기 세포의 차이

뇌세포와 다른 장기 세포가 무엇이 다른지 생각해 볼까요.

생물학 교과서에는 '전형적인' 동물 세포의 모식도가 실려 있는데요. 세포막 혹은 형질막이 바깥을 감싸고 있고 안쪽에는 핵이 있으며, 그 사이를 채우는 세포질에는 다양한 세포소기관이 그려져 있지요. 사실 이 모식도는 가상의 세포일 뿐 실제 세포의 형태를 똑같이 담아낸 그림은 아닙니다. 예를 들어, 에너지를 생산하는 미토콘드리아는 세포 한 개에 100~2,000개 존재하지만 그림에 이를 그대로 그렸다간 알아볼 수 없겠지요? 그래서 보통 세포 한 개에 미토콘드리아는 몇 개밖에 그리지 않습니다. 세포질그물과 골지체를 비롯한 다른 세포소기관도 마찬가지입니다.

의과대학 예과 2학년쯤 기초의학 과목으로 배우는 조직학 수업에서는 수많은 장기의 실제 표본을 관찰하게 됩니다. 장기를 고정하고 탈수한 다음 파라핀 왁스 등으로 대체한 조직을 수 μm(마이크로미터) 단위로 자른 절편을 H&E 염색(Haematoxylin and eosin staining)◆1해서 잘 보이게 만들고 현미경으로 관찰하지요. 이러한 과정을 거치면 수많은 세포의 '얼굴'이 떠오르게 됩니다.

가령 간 조직의 절편을 H&E 염색한 사진은 전체적으로 분홍색인데, 자세히 보면 간소엽이라는 간의 기능 단위를 구분할 수 있으며 지름이 약 20~30μm인 간실질세포가 중심정맥 주위를 둘러싸고 있는 형상도 볼 수 있습니다. 조금 더 확대하면 더 진한 보라색으로 염색된 핵과 분홍색 세포질이 보입니다. 간세포에도 다양한 세포소기관이 있지만 일반 광학현미경으로는 잘 보이지 않습니다. 간세포는 기본적으로 같은 구조가 반복되므로 어디를 잘라도 똑같은 결과를 관찰할 수 있습니다. 참고로 의대생들은 조직학 시간에 광학현미경으로 관찰한 세포를 다양한 색조의 분홍색~보라색 색연필로 스케치하며 세포의 기초적인 특징을 배운답니다.

그러나 간과 달리 뇌는 영역에 따라 구조가 다르다는 점에서 다른 장기와 구분되며 **세포의 형태부터 전형적인 세포와 크게 다릅니다.** 뉴런에는 축삭과 가지돌기가 있는데, 축삭은 뉴런 하나에 기본적으로 하나밖에 없지만 가지돌기는 여러 개 달려 있습니다. 그리고 가지돌기에는 세포질그물과 리보솜이 존재하지만 축삭에는 거의 없습니다.

그 밖에도 종류에 따라 매우 다양한 형태의 뉴런이 존재합니다(그림 2-8).

그림 2-8 다양한 형태의 뉴런들

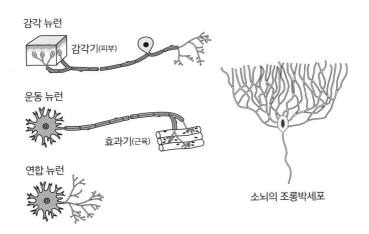

감각 뉴런

감각기(피부)

운동 뉴런

효과기(근육)

연합 뉴런

소뇌의 조롱박세포

예를 들어, 소뇌의 조롱박세포(Purkinje cell, 심장 전도 근육 세포)라는 뉴런은 크게 발달한 가지돌기가 부채꼴로 펼쳐진 형태입니다. 척수에서 뻗어 나온 운동 뉴런의 축삭은 발끝까지 이어질 만큼 길지만, 척수 안에서 감각 뉴런과 운동 뉴런을 잇는 연합 뉴런의 돌기는 수 mm에 불과합니다. 뉴런설을 주장한 카할은 수많은 뉴런을 현미경으로 관찰해서 스케치로 남겼습니다. 예술 작품이라고 해도 될 만큼 아름다운 그림이지요.

5 뇌는 왜 말랑말랑할까?

뇌는 매우 말랑말랑한 장기입니다. 단단한 머리뼈로 보호받고 있어서 다칠 우려는 적지만 뇌 자체의 강도는 거의 두부나 다름없지요. 뇌가 왜 그렇게 말랑말랑한지 뇌의 성분을 통해 알아볼까요?

문제 뇌를 구성하는 세포의 성분은 무엇일까?

뇌를 구성하는 뉴런에는 돌기가 많이 달려 있다고 앞에서 설명했는데요. 간세포와 비교하면 뇌세포를 둘러싼 세포막의 비율이 세포의 내용물인 세포질과 핵의 비율보다 훨씬 높습니다. 세포막은 기본적으로 인지질 이중층 구조이므로 지질이 많습니다. 세포질에도 막 구조인 세포소기관이 존재하지만, 세포질은 상대적으로 수분이 많습니다. 그리고 DNA가 들어 있는 핵에는 핵산이 많습니다. 따라서 **상대적으로 세포막 성분의 비율이 높은 뉴런은 지질의 비율이 높습니다. 따라서 뇌는 다른 장기보다도 훨씬 말랑말랑합니다.**

마찬가지로 신경아교세포 계열의 세포들도 모두 지질이 많습니다. 대뇌겉질에는 뉴런보다 몇 배나 더 많이 존재하는 별아교세포에도 미세한 돌기가 있습니다. 말이집이 희소돌기아교세포의 세포막을 형성한다는 내용도 설명했지요. 그리고 뒤에서 설명할 미세아교세포에도 미세한 돌기가 있습니다. 따라서 뇌에서 수분을 제거하고 건조한 다음 무게를 측정하면 **약 50~60%가 지질**이며 나머지는 대부분 단백질이라는 결론이 나옵니다.

문제 뇌를 이루는 지질은 어떤 종류일까?

바로 본론으로 들어가자면 20~30%가 콜레스테롤입니다. "콜레스테롤은 몸에 쌓이면 건강에 안 좋은 지질 아니야?"라고 생각할지도 모르지만, 콜레스테롤은 뇌가 정상적으로 작동하는 데 꼭 필요한 성분입니다. 세포막을 구성하는 인지질 이중층은 기본적으로 굉장히 유연한 조직으로, 시냅스처럼 부분적으로 콜레스테롤 함량이 높은 지질 뗏목(Lipid raft)이라는 구조는 정보 전달과 신경 전달에 중요합니다.

예를 들어, 실험용으로 준비한 래트의 콜레스테롤 합성을 자극하면 시냅스 소포가 늘어나고, 시냅스 전달 기능이 현저히 좋아진다는 연구 결과가 있습니다. 다시 말해 **시냅스에서 신경전달물질이 제대로 방출되려면 부드러운 세포막 이외에도 다른 요소가 필요합니다.**

콜레스테롤을 제외한 주요 지질 성분으로 다불포화지방산(PUFA)이 있습니다. 도코사헥사엔산(DHA)과 아라키돈산(ARA)도 다불포화지방산이며 뇌의 지질에 많이 들어 있지요. 다불포화지방산의 구조를 살펴보면 원자 간 이중 결합이 많은데, 세포막을 구성하는 인지질 이중층이 유연하게 움직이는 이유는 이 때문입니다(그림 2-9).

그림 2-9 세포막을 이루는 지질

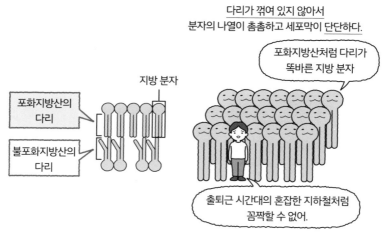

다리가 꺾여 있지 않아서
분자의 나열이 촘촘하고 세포막이 단단하다.

포화지방산처럼 다리가
똑바른 지방 분자

지방 분자

포화지방산의
다리

불포화지방산의
다리

출퇴근 시간대의 혼잡한 지하철처럼
꼼짝할 수 없어.

▶ 산토리웰니스사 메일 매거진 자료(지은이 감수)를 토대로 작성.

뇌 조직의 동적 평형

중요한 내용이니 잠시 동적 평형이 무엇인지 짚고 넘어갈까요.

우리 몸을 구성하는 성분은 섭취한 음식물을 토대로 만들어집니다. 어렸을 때는 어른들에게 잘 먹어야 잘 큰다는 말을 듣고 자랐지만, 성인이 되고서는 음식을 단순한 에너지원으로 인식하는 분이 많을지도 모릅니다. 하지만 사실 음식물은 단순한 에너지원이 아니라 소화된 다음 매일 우리의 세포를 재구성하는 데 쓰이는 '재료'입니다.

세포를 벽돌집에 비유한다면 칠이 벗겨지고 무너진 벽돌을 매일 보수하는 셈이지요(그림 2-10). 세포막을 구성하는 지질도 마찬가지로 음식물을 섭취해서 뉴런 자체와 뉴런의 일부인 말이집을 매일 관리해주어야 합니다.

따라서 뇌가 정상적으로 활동하려면 뇌세포가 언제나 건강한 상태를 유지해야 하며, 이를 위해 매일 적절한 영양소를 섭취해야 합니다.

그림 2-10 뇌 조직의 동적 평형

6 신경을 전달하는 시냅스

시냅스(Synapse)는 19세기 말 영국의 생리학자 찰스 셰링턴이 광학현미경으로 관찰한 상을 토대로, 결합을 의미하는 그리스어 '시냅시스(Synapsis)'에서 따와 붙인 이름입니다. ③에서도 잠깐 언급했다시피 당시 카할은 골지와 한바탕 논쟁을 벌였습니다. 카할은 신경 회로가 불연속적이라는 뉴런설을 주장했고, 골지는 반대로 신경회로가 연속적이라는 그물설을 주장하며 신경망 전체가 하나로 이어져 있다고 생각했습니다. 이후 1950년대에 전자현미경의 발달로 카할이 주장한 뉴런설이 입증되었고, 뉴런과 뉴런 사이의 이음매인 시냅스의 구조를 더 자세하게 볼 수 있게 되었습니다.

문제 시냅스란 무엇일까?

시냅스에는 화학 시냅스와 전기 시냅스가 있습니다. 이 책에서는 중추신경계 대부분을 차지하는 화학 시냅스를 중심으로 설명하겠습니다. 이미 신경 전달에 관한 배경지식이 있다면 익숙한 내용일지도 모르겠습니다. 더 자세히 알고 싶은 분들은 참고문헌을 봐주세요.

시냅스는 시냅스 앞쪽에 있는 뉴런인 시냅스이전세포의 축삭 말단과 시냅스 뒤쪽에 있는 뉴런인 시냅스이후세포의 가지돌기가 맞닿은

그림 2-11 시냅스의 구조와 신경전달물질의 방출

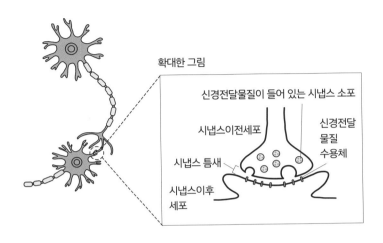

표 2-1 신경전달물질의 종류

신경전달물질	작용
아세틸콜린	부교감신경계, 근육 활동, 기억
노르아드레날린	교감신경계, 심장, 위장, 경계
감마 아미노뷰티르산(GABA)	억제성, 뇌 기능, 수면
글루탐산	기억, 학습
도파민	정신 고양, 수면, 학습
세로토닌	억제성, 기분, 수면
베타 엔돌핀	고통, 행복
멜라토닌	수면

그림 2-12 신경전달물질과 수용체의 결합

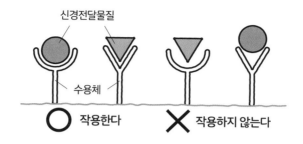

열쇠와 열쇠 구멍처럼 맞물리는 조합이 아니면 작용하지 않는다.

부분입니다(그림 2-11). 시냅스이전세포에서 일어나는 전기적 흥분인 활동 전위는 시냅스에서 방출되는 화학물질, 즉 신경전달물질의 형태로 시냅스이후세포에 전달됩니다. 분자 수준으로 설명하자면, 시냅스 앞부분에서 전압 의존성 칼슘 채널이 열렸을 때 칼슘 이온(Ca²⁺)이 뉴런으로 유입되면서 시냅스 소포라는 작은 주머니에 들어 있던 신경전달물질이 시냅스 틈새로 방출됩니다.

시냅스 뒷부분의 세포 표면에는 다양한 신경전달물질 수용체가 대기하고 있습니다. 신경전달물질은 표 2-1처럼 여러 종류가 있는데, **특정 열쇠(신경전달물질)와 열쇠 구멍(수용체)이 만날 때만 작용합니다**(그림 2-12). 수용체에 신경전달물질이 결합하면 시냅스이후세포에서 막전위가 변하거나 세포 안에서 작용하는 특정 물질이 활성화되면서 신경 전달이 이어집니다.

시냅스의 구조를 더욱 자세히 들여다보면 시냅스 앞부분에는 시냅스 소포에서 신경전달물질이 방출되는 시냅스 활성 영역이 있고, 시냅스이후세포에는 이에 대응하는 시냅스이후치밀질이라는 구조가 있습니다. 이처럼 시냅스를 구성하는 구조의 분자는 약 1,500종으로 알려져 있으며, 이에 대해서는 4장에서 신경 발달 장애와의 관계와 함께 자세히 소개하겠습니다.

흥분을 전달하는 시냅스 vs. 흥분을 억제하는 시냅스

시냅스에는 흥분성 시냅스와 억제성 시냅스가 있습니다. 흥분성 시냅스는 시냅스이전세포의 흥분, 즉 '발화'가 시냅스이후세포의 흥분(탈분극)으로 이어지지만, 억제성 시냅스는 시냅스이전세포의 발화가 시냅스이후세포의 발화를 억제(과분극)합니다(그림 2-13). 전자현미경으로 관찰하면 흥분성 시냅스는 시냅스 후막의 두께가 시냅스 전막보다 극단적으로 두껍지만, 억제성 시냅스는 시냅스 전막과 시냅스 후막의 두께가 거의 비슷합니다.

삼자 시냅스

최근 별아교세포가 시냅스 구조를 감싸고 있다는 사실이 밝혀졌습니다. 그 때문에 시냅스 앞뒤 뉴런과 별아교세포를 통틀어 삼자 시냅스(Tripartite synapse)라고도 합니다(그림 2-14). 삼자 시냅스는 3차원 전자

그림 2-13 흥분성 시냅스 vs. 억제성 시냅스

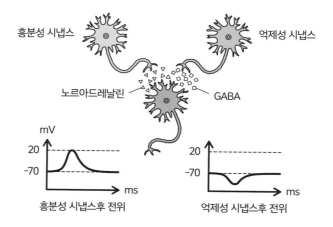

흥분성 시냅스는 뉴런을 흥분시켜 전위를 높인다(탈분극).
반대로 억제성 시냅스는 뉴런의 흥분을 억제해 전위를 낮춘다(과분극).

그림 2-14 삼자 시냅스

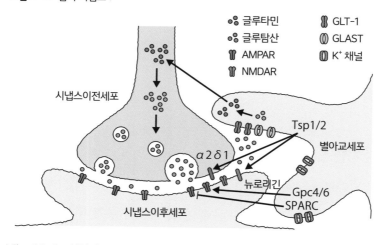

▶ Blanco-Suárez E., et al., "Role of astrocyte-synapse interactions in CNS disorders", *J Physiol, 595*(6), pp. 1903-1916, 2017에서 인용.

현미경 기술이 개발되면서 하나둘 밝혀지고 있는데, **실제로는 뇌의 시냅스 중 약 70%가 삼자 시냅스 구조로 추정되고 있습니다.** 별아교세포는 시냅스 틈새로 방출된 여분의 신경전달물질을 제거하는 작용을 할 가능성이 제기되는 한편 신경 정보 전달에 적극적으로 관여한다는 증거도 여럿 제시되고 있습니다. 반대로 뉴런이 삼자 시냅스를 통해 별아교세포의 생산·분화 작용을 제어할 가능성도 있습니다. 그러나 삼자 시냅스에 관여한다고 밝혀진 분자는 아직 100종 정도에 불과합니다. 삼자 시냅스는 이전부터 신경과학 분야의 왕도였던 시냅스 연구 중에서도 앞으로 얼마나 발전할지 기대되는 연구 분야입니다.

7 빠르게 신호를 전달하는 케이블

앞에서 간단하게 알아본 말이집을 조금 더 자세히 설명할 차례입니다. 말이집은 시냅스가 최초로 발견된 시기와 비슷한 19세기 중반, 독일의 병리학자 루돌프 피르호가 발견했습니다. 말이집은 희소돌기아교세포의 일부가 둘둘 말린 구조로, 기본적으로는 바움쿠헨처럼 세포막이 여러 겹으로 쌓인 형태입니다(그림 2-15). **인지질 이중층 구조인 세포막은 지질이 풍부해 절연체로 작용합니다.**

축삭을 감싸고 있는 말이집은 전선을 감싼 비닐관처럼 뉴런을 한 번에 덮은 게 아니라 0.1~1mm 정도의 간격이 벌어져 있습니다. 이 간

그림 2-15 말이집

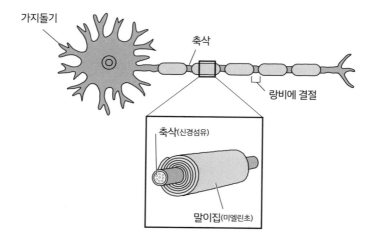

가지돌기

축삭

랑비에 결절

축삭(신경섬유)

말이집(미엘린초)

그림 2-16 도약 전도

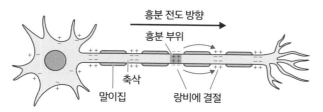

A 말이집신경섬유(도약 전도로 속도가 빠르다)

흥분 전도 방향

흥분 부위

축삭

말이집

랑비에 결절

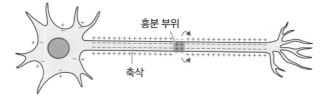

B 민말이집신경섬유(흥분 전도 속도가 느리다)

흥분 부위

축삭

▶ 마치다 시키 지음, 사카이 다쓰오 감수, 『해부학』(요도사, 2018)에서 인용.

격을 랑비에 결절이라고 하며, 활동 전위가 발생하는 부위입니다(그림 2-16). 말이집이 없는 민말이집신경의 축삭에는 활동 전위가 천천히 연속적으로 전달되지만, 말이집이 덮고 있는 말이집신경의 축삭에서는 **활동 전위가 징검다리처럼 건너뛰며 랑비에 결절 부분으로만 전달됩니다.** 신경 전도 속도가 빠른 이유는 이 도약 전도 덕분이라고 할 수 있습니다.

말이집을 형성하는 신경아교세포 중 중추신경계에서는 희소돌기아교세포가, 말초신경계에서는 슈반세포가 말이집을 형성합니다. 희소돌기아교세포 하나에서 수~수십 개의 돌기가 뻗어 나와 여러 축삭에서 말이집을 형성하는 반면, 슈반세포는 세포 하나당 축삭 하나에서만 말이집을 형성합니다.

말이집은 단순히 절연체인 줄 알았으나 현재는 **축삭과 말이집 사이에서 정보 교환이 쉬지 않고 활발하게 이루어지면서 축삭 수송[1]은 물론 축삭 지름의 길이도 조절한다는 사실이 밝혀졌습니다.** 그리고 랑비에 결절 부분에는 별아교세포의 돌기도 있어서 더욱 복잡한 상호작용을 할 수 있습니다.

말이집신경의 말이집에 장애가 생기는 질환을 말이집탈락병이라고 합니다. 말이집이 사라지면서 신경 전도 속도가 느려지고 손발 떨림, 운동 마비, 감각 마비, 시각 장애 등 각종 신경학적 증상이 나타납니다.

---

1) 뉴런에서 시냅스로 혹은 시냅스에서 뉴런으로 물질을 수송하는 작용.-옮긴이

◆1　**H&E 염색:** 보통 투명한 조직 절편을 광학현미경으로 관찰할 때 색을 입히지 않으면 구조를 식별할 수 없습니다. 18세기부터 각종 직물 염료를 탐색, 개발하는 과정 도중 부산물로 조직학에서 응용되는 색소가 탄생했습니다. H&E 염색은 병리 조직표본을 제작할 때 이용되는 기본적이면서도 중요한 염색법으로, 적출한 암 조직의 악성도를 판별할 때 쓰입니다. 헤마톡실린이라는 색소는 핵, 리보솜 등의 소기관을 남색으로 염색하고, 에오신은 세포질, 섬유, 적혈구를 빨간색으로 염색하는 색소입니다. 자세한 원리를 설명하자면, 헤마톡실린은 양전하를 띠고 있어 음전하를 띠는 핵산의 인산기와 이온 결합해서 파랗게 물들입니다. 한편 에오신은 색소 자체가 음전하를 띠고 있으므로 양전하를 띠는 세포질이나 사이질조직과 결합합니다. 헤마톡실린으로 염색하기 쉬운 세포를 호염기성 세포, 반대로 에오신으로 염색하기 쉬운 세포를 호산성 세포라고도 합니다. 참고로 헤마톡실린이라는 이름은 색소의 원천인 콩과 식물 캄파치 나무(Hematoxylon campechianum)에서 유래했습니다. 그리스어 'Hema'는 '피, 붉다', 'Xyl'은 '나무'를 의미합니다. 즉, '피처럼 붉은 나무'라는 뜻이지요. 에오신의 어원은 그리스 신화에 등장하는 새벽의 여신 에오스(Eos)에서 유래했습니다.

참고문헌

- 오스미 노리코 지음, 『脳の誕生—発生・発達・進化の謎を解く(뇌의 탄생: 발생·발달·진화의 수수께끼를 풀다)』(지쿠마쇼보, 2017)

- 와타나베 마사히코 지음, 『みる見るわかる脳・神経科学入門講座改訂版前編—はじめて学ぶ、脳の構成細胞と情報伝達の基盤(뇌·신경과학 입문 강좌 개정판 전편: 뇌를 구성하는 세포와 정보 전달의 기초)』(요도샤, 2008)

- 와타나베 마사히코 지음, 『みる見るわかる脳・神経科学入門講座改訂版後編—はじめて学ぶ、情報伝達の制御と脳の機能システム(뇌·신경과학 입문 강좌 개정판 후편: 정보 전달의 제어와 뇌 기능 시스템)』(요도샤, 2008)

- 후쿠오카 신이치 지음, 김소연 옮김, 최재천 감수, 『동적 평형』(은행나무, 2022)

- 〈BS1 스페셜 아인슈타인: 사라진 천재의 뇌를 쫓아라 특별편〉(NHK, 2020) https://www.nhk.jp/p/bssp/ts/6NMMPMNK5K/episode/te/PV3NM3W549/(2023년 6월 열람)

- 〈NHK 스페셜 아인슈타인: 사라진 천재의 뇌를 쫓아라〉(NHK, 2018) https://www.nhk.or.jp/special/detail/20180729_2.html(2023년 6월 열람)

제 3 장

뇌의 발생

Hilde Mangold

1 뇌의 기원은 '관'

인간은 수정 후 38주 만에 태어나는데, 뇌로 자라게 될 세포 덩어리인 원기(Primordium)는 수정 후 4주 차부터 만들어지기 시작합니다. 미분화 상태의 원기는 점점 증식하면서 뉴런을 비롯한 각종 세포로 분화[1] 합니다. 분화한 뉴런은 저마다 정해진 위치로 이동해 다른 뉴런과 네트워크를 구축합니다. 그 뒤를 이어 신경아교세포가 만들어집니다. 기린이나 말은 태어난 지 수 시간 만에 스스로 설 수 있지만, 인간은 다른 동물보다 미숙한 상태로 태어납니다. 태어나기 전부터 시냅스 형성, 불필요한 시냅스 제거, 말이집 형성 등의 과정을 거치는 인간의 뇌는 태어난 이후로도 계속 발달합니다. 최근 연구에 따르면 스무 살쯤 성인의 뇌가 된다고 하니, 결국 인간의 뇌는 20여 년에 걸쳐 완성되는 셈입니다.

수정란에서 신경관이 만들어지기까지

뇌의 형성 과정을 따라가기 전에 우선 정자와 난자가 수정한 이후의 발생 과정을 짚고 넘어가겠습니다. 겨우 세포 하나에 불과했던 수정란은 점점 분열해서 일주일이 지나면 주머니배(Blastocyst)라는 공 모양의 세포 덩어리가 되어 자궁벽에 착상합니다. 다시 말해서 사람들의 오해와 달리 수정은 자궁에서 일어나는 과정이 아닙니다. 배출된 정자는 자궁에서 난관을 올라가 자궁관술에 도달한 다음 난자가 난소에서 배출되기를 기다립니다. 수많은 정자 중 자궁관술을 지나 최초로 난자와 수정한 정자만이 난자와 함께 다음 세대의 개체로 성장합니다.

자궁에 착상한 주머니배의 속세포덩이(Embryoblast)는 2층 구조를 이루고 수정 후 3주 차가 되면 3층 구조로 바뀝니다. 즉, 외배엽, 중배엽, 내배엽[2]은 이 시기에 만들어집니다.

그리고 수정 후 4주 차에는 얇은 판 같던 외배엽의 한가운데가 두툼해지면서 신경판이라는 구조가 됩니다(그림 3-1). 신경판은 점점 두

그림 3-1 신경관 형성

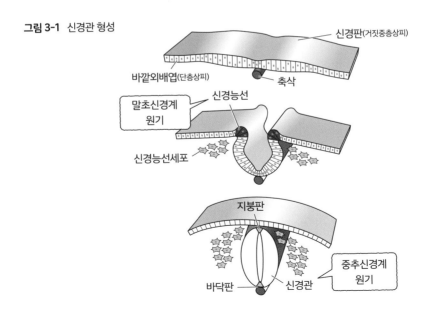

신경판(거짓중층상피)

바깥외배엽(단층상피)

축삭

말초신경계
원기

신경능선

신경능선세포

지붕판

바닥판

신경관

중추신경계
원기

꺼워지면서 가장자리가 솟아올라 등쪽에 달라붙고, 수정 후 5주 차에는 신경관이 형성됩니다(그림 3-1). **이 신경관이 바로 중추신경계의 원기입니다.**

이때 U자형으로 발달한 신경관의 가장자리 부분을 신경능선이라고 합니다. 양쪽 신경능선끼리 달라붙는 시기에 신경능선 영역의 세포는 상피-중간엽 전이(Epithelial-Mesenchymal Transition, EMT)를 통해 신경능선세포의 형태로 낭배 안으로 이동해 말초신경계의 뉴런 또는 신경아교세포(슈반세포)로 분화합니다.

관에서 만들어지는 뇌

신경관 앞쪽에서는 세포가 빠르게 증식해 뇌소포가 만들어집니다. 앞쪽부터 앞뇌, 중간뇌, 뒷뇌(혹은 마름뇌)라고 하며 이 셋을 통틀어 일차 뇌소포라고도 합니다(그림 3-2 왼쪽). 참고로 발생학에서 사용하는 '앞쪽'이라는 용어는 성인의 몸을 다루는 해부학 용어와 다르므로 주의해야 합니다. 앞쪽은 '머리쪽'이라고도 하며 '앞쪽-뒤쪽'과 '머리쪽-꼬리쪽'은 같은 의미입니다. 척추동물의 조상인 어류를 머릿속에 떠올려 보면 왜 그렇게 짝짓는지 쉽게 알 수 있습니다(2장 그림 2-2 참조).

수정 후 6주 차가 되면 앞뇌가 다시 끝뇌와 사이뇌로 분화하며 각각 최종적으로 대뇌와 시상으로 분화합니다. 뒷뇌(마름뇌)에서는 미래의 소뇌와 뇌줄기가 형성됩니다. 끝뇌는 좌우로 크게 부풀어 오른 형

그림 3-2 뇌소포의 분화 과정

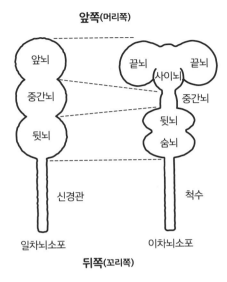

앞쪽(머리쪽)

앞뇌

중간뇌

뒷뇌

신경관

일차뇌소포

끝뇌 끝뇌
사이뇌
중간뇌
뒷뇌
숨뇌

척수

이차뇌소포

뒤쪽(꼬리쪽)

▶ 뇌과학사전-뇌소포(https://bsd.neuroinf.jp/wiki/腦胞)를 토대로 작성.

태이며, 일차뇌소포에서 분화된 뇌를 통틀어 이차뇌소포라고 합니다
(그림 3-2 오른쪽).

이처럼 신경관은 뇌와 척수의 기원이므로 성인이 되었을 때도 뇌실
과 중심관 같은 관 모양 구조가 존재하고 그 안에 뇌척수액이 들어 있
습니다.

⑦ 신경 유도의 실체

외배엽에서 신경판이 유도되는 과정의 연구는 1935년 노벨 생리학·의학상을 받은 한스 슈페만의 형성체(Organizer) 이론까지 거슬러 올라갑니다. 슈페만의 실험 대상은 도롱뇽의 일종인 영원이었습니다. 포배기의 등쪽입술(Dorsal lip)이라는 부위의 조직을 다른 배아에 이식했더니 신경관과 눈에 연결된 이차 배아로 유도되는 현상을 발견한 슈페만은 등쪽입술이 형성체라고 주장했습니다(그림 3-3). 사실 이 실험은 제자인 힐데 맨골드(그림 3-4)가 진행했으나 상을 받기 전 맨골드가 세상을 떠나는 바람에 노벨상은 슈페만이 단독으로 수상하게 되었습니다. 하지만 오늘날에는 맨골드의 업적에 경의를 표하는 의미로 '슈페만-맨골드 형성체'라고 부릅니다. 형성체의 분자적 실체가 밝혀지는 데에는 그로부터 반세기라는 시간이 필요했습니다.

그 사이에 과학자들은 다양한 실험을 했습니다. 예를 들어, 나중에 표피가 될 외배엽 부분을 잘라 세포를 잘게 조각낸 다음 배양하면 이 세포 조각들은 뉴런으로 분화합니다. 즉, 외배엽에서 분화되는 '기본' 세포는 뉴런이라고 할 수 있습니다. 그러니까 정상적인 발생 과정에는 뉴런으로 분화하지 못하도록 방해하는 인자가 있다는 말이지요. 뉴런으로의 분화를 억제하는 이 인자의 정체는 골형성단백질(BMP)입니다. 이름과 달리 실제로는 뼈와 관계없는 조직에서도 중요한 역할을 합니다.

나중에 발견된 신경 유도 인자는 이 골형성단백질의 작용을 방해하는 단백질

이었습니다. 다소 설명이 복잡하지만, 방해 인자를 방해함으로써 작용을 유도하

는 단백질입니다. 구체적으로는 노긴, 코르딘, 폴리스타틴, 액티빈 등의 분자에

신경 유도 활성 작용을 한다는 사실이 밝혀졌습니다.

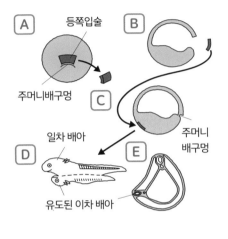

그림 3-3 형성체를 발견한 슈페만과 맨골드의 실험　　　그림 3-4 힐데 맨골드

▶ 뇌과학사전-형성체(https://bsd.neuroinf.jp/wiki/オーガナイザー)를 토대로 작성.

⑧ 신경능선세포의 매력

신경능선세포는 말초신경계의 기원일 뿐만 아니라 피부의 색소 세포, 부신겉질

의 갈색세포, 얼굴뼈, 연골, 근막도 만들 수 있는 다재다능한 세포입니다. 신경능

선세포가 신경상피에서 이탈하는 현상을 상피-중간엽 전이라고 하는데, 암 전

이와 공통된 메커니즘으로 진행된다고 추정됩니다. 신경능선세포는 증식과 동시에 다양한 세포로 분화하는 특성 때문에 줄기세포의 성질 또한 가지고 있다고 여겨집니다. 이상이 생긴 신경능선세포가 증식, 즉 종양화되면 악성흑색종, 갈색세포종, 신경모세포종 등이 나타납니다. 이처럼 다양한 성질을 지닌 신경능선세포는 대단히 흥미로운 연구 대상입니다. 저 역시 대학원생부터 조교수일 적에는 뇌신경능선세포의 이동과 안면 형성을 주제로 연구했는데, 당시 프랑스의 니콜르 두아랭 박사님, 영국의 질리언 모리스 케이 박사님, 미국의 마리안 브로너 박사님 등 여러 선배 여성 과학자들의 활약에 용기를 얻었던 기억이 나네요.

2 신경관에 존재하는 '엄마 세포'란?

뉴런을 만드는 신경줄기세포

이제 신경관에서 대뇌겉질이 만들어지기까지의 과정을 볼 차례입니다(그림 3-5). 안쪽, 그러니까 뇌실이 만들어지는 쪽에는 신경관일 때부터 활발하게 분열하는 세포가 있습니다. 이 영역을 뇌실구역이라고 합니다. 신경관이 성장하면서 뇌 바깥쪽에 층이 형성되고, 연막 쪽에는 무수히 많은 뉴런이 모이는 겉질판이 만들어집니다. 그리고 뇌실구역과 겉질판 사이에 뇌실밑구역과 중간구역이라는 층이 각각 형성됩니다. 뇌실구역에서 세포 분열이 일어나는 이유는 신경줄기세포◆3가 분

그림 3-5 신경관에서 일어나는 신경세포와 신경아교세포 생성 과정

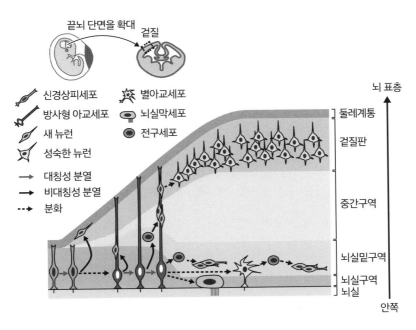

▶ 뇌과학사전-뇌실구역(https://bsd.neuroinf.jp/wiki/脳室帯)을 토대로 작성.

열해 뉴런을 만들어내기 때문인데요. 이 현상을 신경발생 또는 신경
생성(Neurogenesis)이라고 합니다.

방사형 아교세포는 어떤 세포일까?

2장에서 신경계를 구성하는 세포들의 형태가 특수하다고 설명했는데
요. 사실 배아기의 신경줄기세포도 매우 독특합니다. **신경줄기세포는**

기본적으로 뇌실부터 뇌 표면까지 하나로 이어진 세포이기 때문입니다. 따라서 신경관에서 신경발생이 활발하게 일어날수록 신경줄기세포도 점점 길어집니다. 그러니까 신경줄기세포도 뉴런과 마찬가지로 세포막의 비율이 매우 높다는 뜻이지요.

사람들은 오랫동안 이 신경줄기세포를 신경아교세포라고 생각했습니다. 뉴런이 아니면서 뇌 원기의 틈새를 메우는 지지세포로 여겼지요. 이 세포는 신경관 안에 방사형으로 존재하므로 방사형 아교세포라는 이름이 붙었습니다. 실제로 방사형 아교세포 안에는 별아교세포와 공통된 작용을 하는 분자가 있으며 두 세포의 성질 역시 비슷합니다.

방사형 아교세포의 존재는 19세기 말에 처음 드러났지만, 이 세포가

그림 3-6 방사형 아교세포는 '엄마 세포'

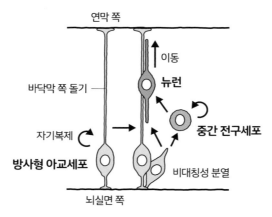

▶ 뇌과학사전-방사형 아교세포(https://bsd.neuroinf.jp/wiki/放射状グリア細胞)에서 인용.

뉴런이 이동하는 데 필요한 발판임은 나중에 알려졌습니다. 뒤에서 다시 설명하겠습니다.

20세기 말이 되어서야 방사형 아교세포가 뉴런을 만들어내는 모체임이 알려졌습니다. 설치류의 대뇌겉질 원기를 얇은 절편으로 만들어 배양한 실험과 자궁에서 형성되어 자라는 뇌 원기에 표지를 남기는 기술을 비롯해 수많은 실험 결과가 축적된 결과, 오늘날에는 **방사형 아교세포가 신경줄기세포, 정확히는 신경전구세포로도 작용한다는 사실이 밝혀졌습니다.**

즉, 방사형 아교세포는 뉴런을 만들어내는 한편 새로 태어난 뉴런이 달라붙어 뇌 표면을 타고 올라가는 '엄마 세포'입니다(그림 3-6).

문제 방사형 아교세포는 어떻게 뉴런을 만들어낼까?

여기서 중요한 부분은 '비대칭성 분열'이라는 현상입니다.

세포는 반드시 둘로 분열합니다. 두 개의 딸세포를 만든다고도 할 수 있겠군요. 유전 정보를 담당하는 DNA는 이중 나선 구조이고 각 가닥을 주형 삼아 복제되므로 하나의 세포에서 세 개의 딸세포가 만들어지는 경우는 없습니다.

대칭성 분열하는 세포는 똑같은 딸세포를 두 개 만듭니다. 반면 방사형 아교세포처럼 비대칭성 분열하는 세포라면 한쪽 딸세포는 방사

그림 3-7 신경줄기세포의 비대칭성 분열

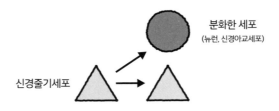

신경줄기세포는 비대칭성 분열을 통해 자기 자신이 없어지지 않도록 유지하는 동시에 뉴런이나 신경아교세포로 분화하는 세포를 만들어낸다. 즉, 줄기세포는 신경발생이 멈추지 않도록 유지하는 부대다.

형 아교세포 그대로 남고, 다른 딸세포만 분화한 세포가 됩니다(그림 3-7). 그러므로 방사형 아교세포가 사라지지 않고 차례차례 분열하면서 뉴런을 만들어낼 수 있는 이유는 이 비대칭성 분열 덕분입니다.

문제 신경발생 과정에는 어떤 분자가 관여할까?

전사인자의 작용

우선 신경세포 내부에서 기원한 단백질부터 알아볼까요?

세포 하나하나에는 부모로부터 각각 물려받은 두 쌍의 유전체가 있습니다. 유전체는 세포에 들어 있는 유전 정보의 총집합을 뜻하는 용어이며, 현재 인간의 몸에 있는 유전자의 수는 약 22,000개로 추정됩

그림 3-8 웨인트라웁이 발견한 MyoD

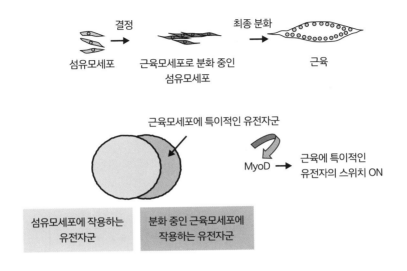

섬유모세포에 특이적인 mRNA군과 근육모세포로 분화 중인 섬유모세포에 특이적인 mRNA군을 비교했더니 후자에서 전사인자 MyoD가 발견되었다.

니다. 이렇게 많은 유전자는 세포의 종류에 따라 활성화되기도 하고 비활성화된 채 남아 있기도 합니다. 유전자를 활성화하는 단백질을 전사인자라고 합니다. 즉, **전사인자의 역할은 표적 유전자의 스위치 조작입니다.**

발생 과정에서 최초로 주목받은 전사인자는 MyoD(마이오디)라는 단백질입니다. 미국의 과학자 해럴드 웨인트라웁은 배양 환경에서 일반적인 섬유모세포를 근육 세포로 분화시킬 수 있는 인자를 발견했고,

MyoD라는 이름을 붙였습니다(그림 3-8). 그가 발견한 또 다른 인자 NeuroD(뉴로디)는 뉴런을 더 빠르게 분화시키는 단백질입니다. 아프리카발톱개구리의 수정란에 NeuroD의 유전자를 집어넣었더니 외배엽이 신경 조직으로 바뀌었습니다.

이처럼 **전사인자는 세포의 성질을 포괄적으로 바꾸는 내인성 요소입니다.** 야마나카 신야 교수가 iPS세포(Induced Pluripotent Stem cell, 유도만능줄기세포)를 유도할 때 이용한 단백질도 네 개의 전사인자입니다.

방사형 아교세포에 작용하는 전사인자

포유류 대뇌겉질 원기의 방사형 아교세포에 작용하는 전사인자 중에는 Pax6(팩스6)라는 단백질이 있습니다. *Pax6* 유전자의 동형접합 변이◆⁴에 의해 Pax6의 기능이 완전히 멈추면 방사형 아교세포도 증식하지 못하고 뉴런으로 과도하게 분화되며, 최종적으로는 만들어지는 뉴런이 극단적으로 줄면서 뇌가 작아집니다. 과학자들은 *Pax6*가 변이된 래트를 이용해 이를 발견했지만, 변이가 일어난 마우스에서도 똑같은 현상이 나타나며 인간에게서도 이러한 증례가 보고된 바 있습니다. 예리한 독자분들은 눈치채셨겠지만, 유전자는 기울임체로 표기하고 단백질은 정자체로 표기하는 것이 생명과학의 관례입니다.

이어서 소개할 전사인자는 Tbr2입니다. NeuroD, Tbr1과 마찬가지로 시기에 따라 작용하는 전사인자가 달라지면 세포의 성질 또한 방사형 아교세포에서 뉴런으로 변합니다(그림 3-9).

다만, Pax6는 특정 뉴런에서도 활발하게 작용하는데, Pax6를 강제로 별아교세포에 작용하도록 만들면 별아교세포가 뉴런으로 분화한다는 연구 결과도 있습니다. 우리 몸속에서 다양한 분자의 작용이 미세하게 조절되고 있으므로 연구 결과를 해석할 때는 신중해야 합니다.

그림 3-9 대뇌겉질 뉴런 분화에 관여하는 전사인자

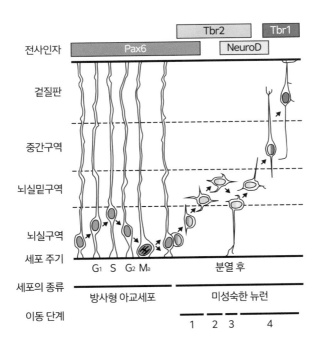

▶ Hevner R.F., et al., "Transcription factors in glutamatergic neurogenesis: conserved programs in neocortex, cerebellum, and adult hippocampus", *Neurosci Res, 55*(3), pp. 223-233, 2006에서 인용.

뉴런의 분화 과정 중 세포와 세포 사이에서 상호작용하는 분자도 있습니다. 세포막에 존재하는 Notch(노치) 수용체와 Notch 수용체에 결합하는 리간드(Ligand)◆5 Delta(델타)가 대표적인 분자입니다. Delta 도 막단백질에 속합니다.

Notch는 기본적으로 세포를 미분화된 상태로 유지하려 합니다. Notch는 방사형 아교세포의 뇌실구역에 주로 존재하며 고르게 분포하지만, Delta는 강하게 작용하는 세포와 그렇지 않은 세포가 뒤섞여 있습니다. Delta가 작용하면 세포가 뉴런으로 활발하게 분화합니다. 이렇게 Delta가 작용하는 세포와 맞닿은 세포에서는 신경 분화 억제 신호가 Notch를 통해 세포 안으로 전달됩니다. 즉, Delta가 작용한 세포는 "먼저 갈게~♬" 하고 분화가 시작되지만, 그 옆의 세포는 "너는 좀 더 기다리고 있어"라는 정지 신호를 받게 되지요(그림 3-10).

그림 3-10 Notch 신호 전달 과정

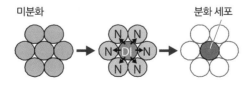

미분화   분화 세포

가운데 있는 세포에 Delta(DI)가 작용하면 이 세포는 뉴런으로 분화하는 동시에 Notch(N)를 통해 근처의 세포가 뉴런으로 분화하지 못하도록 억제한다.

▶ 에이 신이치로, 「수학적 모델로 나타낸 분화의 흐름과 그 해석」(https://indico2.riken.jp/event/3089/attachments/8629/11021/Ei-talk.pdf)에서 일부 발췌해서 인용.

3 각양각색의 신경세포는 어떻게 만들어질까?

부위마다 서로 다른 기능을 수행하며 이를 지지하는 조직과 세포의 종류가 다양하다는 점이 뇌의 특징이라고 앞에서 설명했는데요. 고도로 발달한 기능을 수행하는 뇌가 형성되려면 올바른 타이밍에 올바른 위치에서 올바른 수의 뉴런이 만들어져야 합니다. 이 과정은 어떻게 이루어질까요?

신경관의 위치 정보 결정

다양한 뉴런이 만들어지는 과정은 신경관의 위치 선정 단계까지 거슬러 올라갑니다. 신경관에는 앞-뒤축(머리-꼬리축)과 등-배축이라는 두 축이 있습니다. 그리고 신경관의 등 한가운데를 가르면 평면으로 펼칠 수 있는데요(그림 3-11). 펼친 신경관의 지도에는 앞-뒤축과 등-배축을 따라 '주소'가 매겨집니다. 발생생물학에서는 이 주소를 위치 정보라고 합니다.

바둑판의 눈처럼 구간이 일정한 거리를 떠올렸을 때 등쪽 첫 번째 눈에는 상점가가 있고 두 번째 눈에는 음식점이 많고…… 이런 식으로 **영역마다 서로 다른 성질의 뉴런이 배치됩니다.**

그렇다면 이 위칫값을 결정하는 메커니즘은 무엇일까요? 뇌보다 구조가 단순한 척수를 통해 어떻게 주소가 정해지는지 알아보겠습니다.

그림 3-11 잘라서 펼친 신경관

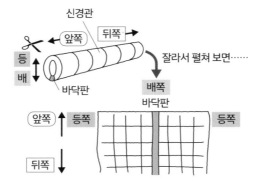

▶ 오스미 노리코 지음, 『뇌의 탄생』(지쿠마쇼보, 2017) 그림 3-1을 토대로 작성.

배쪽의 위치 정보를 결정하는 근거는 '고슴도치'

척수 배쪽의 한가운데에는 바닥판이라는 구조가 있습니다. 이 부위의 세포에서 SHH(Sonic hedgehog, 소닉 헤지호그)라는 단백질이 분비됩니다. 이상한 이름이라고 생각할지도 모르지만, 연구자는 자신이 발견한 유전자나 단백질 같은 분자에 이름을 붙일 특권을 가지고 있으므로 자신이 좋아하는 이름을 붙일 수 있습니다. SHH라는 이름은 일본의 게임 제작사 세가의 캐릭터인 파란색 고슴도치 소닉 더 헤지혹에서 유래했으며, 실제로도 굉장히 강력한 단백질입니다. 이 SHH가 배쪽 위치 정보를 결정하는 주역입니다.

위치 정보 결정 메커니즘은 닭의 배아를 사용한 실험(그림 3-12)으로 1995년에 증명되었습니다.

그림 3-12 SHH의 활동을 연구한 실험

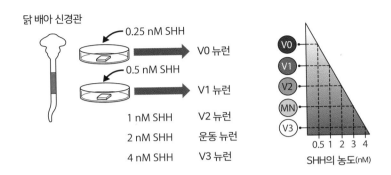

SHH의 작용

실험을 위해 닭 배아에서 미분화 상태의 신경관을 추출해서 조각낸 절편을 만듭니다. 이 절편을 배양 접시에 넣고 배양액에 서로 다른 농도의 SHH를 추가한 다음 어떤 뉴런으로 분화하는지 확인하자 결과는 일목요연했습니다. 가장 높은 농도의 SHH를 넣은 신경관 조직은 바닥판으로 분화했고, 두 번째로 높은 농도에서는 가장 배쪽의 연합 뉴런(V3), 그다음으로 높은 농도에서는 V2 뉴런······, 이런 식으로 신경관 세포는 SHH의 농도에 따라 서로 다른 뉴런으로 분화했습니다. 즉, **서로 다른 위치에 있는 신경관 세포에 각기 다른 농도의 SHH라는 분비 인자가 작용함으로써 서로 다른 뉴런의 분화가 유도되었다고 할 수 있습니다.**

조금 더 보충하자면, 이때 신경관 세포에서는 SHH의 농도에 따라 서로 다른 전사인자의 스위치가 켜지고 조합의 종류에 따라 세포의

성질이 달라지는 분자 메커니즘도 함께 작용합니다. '분비 인자 → 전
사인자 → 세포의 정체성'이라는 원칙은 발생의 근본 원리입니다.

위치 정보 결정에 관여하는 분자들

• 분비 인자

SHH 이외에도 다양한 분자가 위치 정보 결정에 관여합니다.

신경관 등쪽 한가운데에 있는 덮개판이라는 영역에서는 골형성단
백질(BMP)과 TGFβ(Transforming Growth Factor-beta, 전환성장인자 베타) 등
의 단백질이 분비되어 등쪽에 첫 번째, 두 번째…… 이렇게 위칫값을
부여합니다. 신경관의 앞-뒤축에도 저마다 위치 정보가 매겨집니다.
앞-뒤축의 위칫값에 관여하는 분자로는 비타민A의 유도체인 레티노
인산과 분비 인자인 Wnt(원트) 등이 있습니다. 이처럼 신경발생 과정에
는 여러 종류의 분자가 조화를 이루며 작용합니다.

• 전사인자

돌연변이 초파리에서 최초로 발견된 호메오도메인 단백질[1] 역시 전사
인자로서 앞-뒤축을 따라 위치 정보를 부여하는 중요 요소입니다. 예
를 들어, 발생 초기의 마름뇌에는 잘록한 부분이 여러 군데 있어서 마

---

1) Homeodomain protein: DNA에 결합해 세포가 어떤 신체 부위로 발달할지 결정하는 단백질.-옮긴이

디 구조임을 알 수 있는데, 이 '마름뇌 분절'에서는 저마다 특이적인 뇌신경이 만들어집니다.

서로 다른 뉴런으로 분화하는 데 필요한 시간 조절

지금까지는 뉴런이 올바른 위치에 놓이는 메커니즘을 살펴봤습니다. 이번에는 그 위치에서 만들어진 뉴런이 다른 뉴런으로 분화하는 시간을 조절하는 메커니즘을 알아보겠습니다.

앞서 설명했다시피 신경발생은 처음에 대칭성 분열만 하다가 어느 시점부터 갑자기 뉴런으로 분화하는 식으로 진행되지 않습니다. 방사형 아교세포가 줄기세포(전구세포)의 성질을 유지한 채 비대칭성 분열로 뉴런을 만들어내지요. 이때 대뇌겉질 원기에는 일찍 만들어진 뉴런이 뇌 깊숙이 자리하며(깊은 층 뉴런) 축삭을 길게 뻗어 다음 뉴런과 연결되지만, 늦게 만들어진 뉴런은 바깥쪽에 자리하고(표면층 뉴런) 맞교차신경세포의 형태로 뇌들보를 구성하며 반대쪽 대뇌겉질이나 대뇌반구 안쪽의 가까운 뉴런으로 축삭을 뻗어 연결합니다. 그리고 이렇게 뉴런이 축삭을 길게 뻗는 현상을 '투사(Projection)'라고 합니다.

따라서 신경줄기세포로 기능하는 방사형 아교세포는 **발생 시간은 물론 만들어내는 뉴런의 성질 또한 바꾼다고 할 수 있습니다.** 발생 과정이 더 진행되면 신경줄기세포에서 신경아교세포 계열의 세포들이 만들어집니다(그림 3-5). 그림 3-5는 대뇌겉질의 구조를 고려해 나타낸 모식

그림 3-13 신경발생 과정에서 일어나는 유전자 발현 억제 현상의 후성유전학적 원리

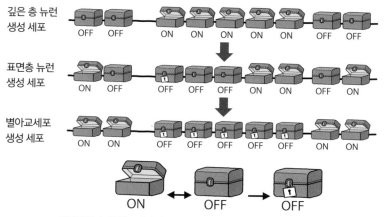

깊은 층 뉴런
생성 세포

표면층 뉴런
생성 세포

별아교세포
생성 세포

ON/OFF 스위치는 껐다 켤 수 있지만 한 번 자물쇠가 걸리면 다시 열리지 않는다.

발생 과정 중 신경줄기세포의 성질이 서서히 바뀌면서 유전자의 스위치가 꺼지며, 발생이 더 진행되면 아예 자물쇠가 걸린다.

도로, 먼저 별아교세포가 만들어진 다음 희소돌기아교세포가 뒤이어 만들어집니다. 척수에서는 반대로 희소돌기아교세포, 별아교세포 순으로 만들어집니다.

이처럼 신경줄기세포의 운명이 바뀌는 현상을 뒷받침하는 원리를 설명하기 위해, 잠시 후성유전학이 무엇인지 살펴보겠습니다. 우리 몸의 세포는 모두 같은 유전자를 가지고 있지만, **세포의 종류에 따라 활성화되는 유전자가 다릅니다.** 유전자를 상자에 비유한다면, 발생 과정에 필요하지 않은 유전자가 들어 있는 상자는 천천히 닫힙니다. 원래는

상자의 뚜껑을 열 수도 있고 닫을 수도 있지만, 발생 과정이 진행되는 동안 자물쇠가 걸려 상자가 열리지 않게 됩니다. 이 원리를 연구하는 학문을 후성유전학이라고 합니다(그림 3-13).

신경발생 과정에 중요한 후성유전학적 인자로 폴리콤(Polycomb) 단백질이 있습니다. 일찍 만들어지는 깊은 층 뉴런 대신 표면층 뉴런이 만들어지도록 스위치를 바꿀 때 작용하는 단백질입니다. 폴리콤 단백질이 깊은 층 뉴런의 성질을 결정하는 유전자군의 스위치를 *끄기* 때문에 깊은 층 뉴런은 만들어지지 않습니다. 마찬가지로 별아교세포가 만들어지도록 전환할 때도 폴리콤 단백질이 관여합니다. 세포의 운명이 바뀌는 데에는 이러한 원리가 숨어 있습니다.

4 신경세포의 위치는 어떻게 정해질까?

1장에서 포유류의 대뇌겉질은 일반적으로 6층 구조라는 이야기를 했는데요. 만들어진 뉴런은 어떻게 뇌의 올바른 위치로 가게 될까요? 이번 장 제일 앞부분에서 방사형 아교세포가 뉴런이 이동하는 발판이 된다고 소개했는데, 이에 관해 자세히 알아보겠습니다.

흥분성 뉴런*6의 이동

끝뇌의 등쪽을 차지하는 대뇌겉질 원기에서는 방사형 아교세포가 뇌실면에서 비대칭성 분열해 뉴런으로 분화하는 딸세포를 만들어냅니다. 이 딸세포는 방사형 아교세포의 가늘고 긴 돌기에 달라붙어 뇌 표면을 향해 올라갑니다. 이를 방사형 이동이라고 하며, 종착 지점은 겉질판입니다. 대뇌겉질의 6층 구조는 이 겉질판에 속하며 뇌 표면에 가까운 층부터 제1~6층으로 구분합니다.

겉질판의 뉴런 중 일찍 만들어진 뉴런은 깊은 층 뉴런, 뒤늦게 만들어진 뉴런은 표면층 뉴런이라고 합니다. 이때 **늦게 만들어진 뉴런이 일찍 만들어진 뉴런을 앞질러 뇌 표면으로 이동합니다.** 대뇌겉질 구축과 함께 일어나는 뉴런의 이동 방식을 '안에서 밖으로(Inside-out)' 이동한다고 표현합니다[그림 3-14, 예외적으로 카할 레치우스 세포(Cajal-Retzius cell, CR cell)라는 뉴런은 가장 먼저 만들어지지만 대뇌겉질 표면에 존재합니다].

이 현상은 1960년대에 유행한 오토라디오그래프(Autoradiograph)라는 기법으로 밝혀졌습니다. 핵물리학의 부산물로 만들어진 삼중수소 티미딘(Tritiated thymidine)이라는 방사성 동위원소가 DNA 합성기의 세포에 핵염기 중 하나인 타이민을 대체하는 성질을 이용한 방법입니다. 미국의 리처드 시드먼 박사는 임신한 래트에 삼중수소 티미딘을 투여하는 실험에서, 삼중수소 티미딘을 수정 후 11일째에 처리한 세포는 대뇌겉질 깊숙이 위치했지만 13일째에 처리한 세포는 제4~5층에, 15일째에 처리한 세포는 표층인 제2~4층에 위치하는 현상을 발견했습니다.

그림 3-14 대뇌겉질 원기에서 관찰되는 뉴런의 '안에서 밖으로' 이동 방식

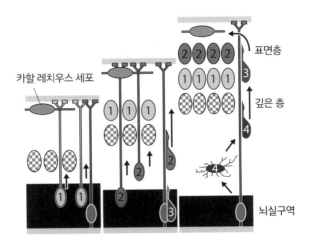

나중에 만들어진 뉴런이 일찍 만들어진 뉴런 위로 쌓인다.

▶ 사토 마코토, 「대뇌겉질의 형성과 기능 발현을 담당하는 분자·세포의 기반에 대해: 신경세포의 이동과 그 메커니즘을 밝히는 기술」 생산과 기술, 67(1), pp. 80–85, 2015(http://seisan.server-shared.com/671/671-80.pdf)에서 인용.

    뉴런이 안에서 밖으로 이동하는 방식은 포유류의 대뇌겉질 원기에 서만 나타나는 특징입니다. 포유류의 대뇌겉질에서 좁은 뇌실보다 압 도적으로 넓은 뇌 표면에 뉴런을 많이 배치할 수 있는 이유는 이 덕분 입니다. 즉, **포유류는 뉴런이 안에서 밖으로 이동하기 때문에 거대한 대뇌 겉질을 획득할 수 있었습니다.** 칼럼 ⑨에서 더 자세히 알아보겠습니다.

어떤 분자가 뉴런의 이동에 관여할까?

기본적인 세포 이동에 필요한 분자 기구는 반드시 있어야 합니다. 미세소관과 미세섬유 같은 세포 골격[7]이 세포핵을 둘러싸고 중심체에 고정한 다음 세포핵을 끌어당겨야 하기 때문입니다(그림 3-15).

방향성이 있는 뉴런이 뇌 표면을 향해 이동하려면 특별한 메커니즘이 필요합니다. 이때 필요한 분자 중 리린(Reelin)이라는 단백질이 있습니다.

리린은 비틀비틀 걷는다고 해 '릴러(Reeler)'라는 이름이 붙은 돌연변

그림 3-15 방사형 뉴런의 이동과 세포골격의 작용

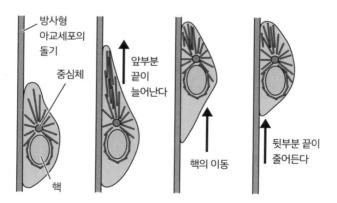

방사형 아교세포의 돌기를 따라 이동하는 뉴런은, 세포핵 주변에 존재하는 세포 골격에 의해 이동 방향으로 늘어나고, 이어서 세포핵이 뉴런의 뒷부분을 끌어올린다.

▶ Eric Kandel, et al., *Principles of Neural Science 6th edition*(McGraw-Hill Education, 2021)에서 일부 발췌해서 인용.

그림 3-16 비틀비틀 걷는 쥐, 릴러

그림 3-17 대뇌겉질 구축에 이상이 생긴 릴러의 뇌

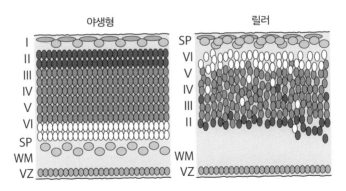

야생형[2] 마우스의 정상 대뇌겉질에는 뇌 표면부터 차례대로 제1~6층 구조가 있고 안쪽에는 겉질하판(SP), 백질 (WM), 뇌실구역(VZ)이 구축되어 있다. 그러나 릴러의 뇌에는 겉질하판이 표면에 있고 제6~2층 순으로 배치가 뒤 집혀 있으며 층 구조 자체도 흐트러져 있다.

2) Wild type: 유전적으로 돌연변이가 일어나지 않은 표현형.–옮긴이

▶ Eric Kandel, et al., *Principles of Neural Science 6th edition*(McGraw-Hill Education, 2021)을 토대로 작성.

이 마우스의 유전자가 발현되어 만들어진 분비성 단백질입니다(그림 3-16). 릴러의 대뇌겉질을 연구해 보니 정상적인 6층 구조가 구축되지 못한 탓에 **뉴런은 안에서 밖으로 이동하지 않았습니다(그림 3-17).**

리린뿐만 아니라 5장에서 소개할 LIS1(Lissencephaly-1) 역시 대뇌겉 질 뉴런이 이동하는 데 필요한 단백질입니다.

억제성 뉴런의 이동

앞에서 대뇌겉질을 구축하는 뉴런 중 흥분성 뉴런의 이동 과정을 알 아봤습니다. 그렇다면 억제성 뉴런은 어떻게 이동할까요?

억제성 뉴런을 만드는 세포는 대뇌겉질 원기에서 멀리 떨어진 대뇌 바닥핵 원기입니다. 그러니까 **서로 다른 장소에서 만들어진 서로 다른 뉴 런이 각자 있어야 할 위치로 이동해서 만나는 셈입니다.**

번거롭게 보이는 과정을 거치는 이유는, 서로 다른 뉴런을 만들어내 려면 ③에서 언급한 바 있는 '분비 인자 → 전사인자 → 세포의 정체 성'이라는 단계가 필요하기 때문입니다. **맞닿아 있는 각각의 세포에 서 로 다른 분비 인자가 작용해 정체성이 다른 세포로 만드는 편이 훨씬 어렵 지요.**

끝뇌 배쪽의 대뇌바닥핵 원기에서 만들어진 뉴런은 대뇌겉질을 둥 글게 돌아서 신경관의 '접선 방향'으로 이동합니다(그림 3-18). 이러한 이동 방식을 밝혀낸 기술은 오스트레일리아의 과학자 세옹생 탄이 고

그림 3-18 접선 방향으로 이동하는 억제성 뉴런

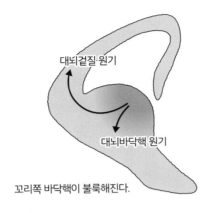

대뇌겉질 원기

대뇌바닥핵 원기

꼬리쪽 바닥핵이 불룩해진다.

대뇌바닥핵 원기에서 분화한 뉴런은 대뇌겉질 원기를 향해 접선 방향으로 이동한다.

▶ Eric Kandel, et al., *Principles of Neural Science 6th edition*(McGraw-Hill Education, 2021)에서 일부 발췌해서 인용.

안한, 배아줄기세포를 이용한 클론 표지법입니다.

배아줄기세포는 몸의 어떤 세포로도 분화할 수 있는 만능 세포입니다. 탄은 그런 배아줄기세포에 외부 유전자를 표지로 집어넣은 세포를 만들었습니다. 그리고 이 표지된 배아줄기세포를 표지 유전자가 없는 마우스의 초기 배아에 주입한 다음 그 배아가 자라면 표지된 배아줄기세포의 자손, 즉 클론의 분포를 조사했습니다. 대뇌겉질을 관찰한 결과, 표지된 세포가 방사형으로 분포될 때도 있고 여기저기 흩어져 있을 때도 있었습니다. 각 세포의 성질을 분석해 보니 전자는 흥분성 뉴런이고 후자는 억제성 뉴런이었습니다. 이로써 **억제성 뉴런이 흥분성 뉴런과 다른 방식으로 만들어진다는 사실이 밝혀졌습니다.**

같은 시기, 미국의 존 루벤스타인은 다른 실험을 진행했습니다. 그는 마우스 배아의 끝뇌를 추출해서 100µm 크기의 절편을 만들었는데요. 정해진 조건을 갖추었을 때 배양 접시에서 절편을 일정 기간 배양할 수 있기 때문입니다. 이때 등쪽, 즉 대뇌겉질 원기만을 배양하면 억제성 뉴런이 만들어지지 않았습니다. 이는 **억제성 뉴런이 원래는 대뇌겉질 원기에 존재하지 않았을지도 모른다는 가능성을 암시하는 결과입니다.**

다음으로 루벤스타인은 끝뇌 전체의 절편을 배양할 때 배쪽(바닥핵 원기) 세포를 형광 색소로 표지했습니다. 그러자 표지된 세포가 끝뇌의 등쪽으로, 그러니까 접선 방향으로 이동하는 현상이 관찰되었습니다. 그리고 그는 끝뇌 배쪽에서 작용하는 유전자의 정체를 밝혀냈는데, 그 유전자를 녹아웃[3]한 마우스의 대뇌겉질을 분석한 결과 억제성 뉴런이 두드러지게 감소했습니다.

억제성 뉴런은 대뇌겉질 원기에 도달하기까지 접선 방향으로 굉장히 먼 거리를 이동한 셈인데, 헤매지 않게 안내하는 길잡이가 있었던 걸까요? 사실 ⑤에서 알아볼 뉴런의 축삭을 유도하는 분자가 억제성 뉴런의 이동에도 관여한답니다. 중요한 역할을 맡은 분자는 여러 군데에 쓰이는 법이지요.

---

3) Knockout: 유전자를 제거해 그 유전자가 작동하지 못하도록 막는 기술.-옮긴이

⑨ 신경능선세포의 이동과 말초신경계의 형성(그림 3-19)

말초신경계의 근원이 되는 신경능선세포 역시 이동하는 세포입니다. 신경관이 폐쇄되는 시점에 신경능선세포는 상피를 벗어나 신경관 세포와 갈라져 증식하면서 배아 안을 이동합니다. 이동 경로는 총 세 개로, 상피에서 가장 빠르게 벗어나는 세포군은 가장 안쪽 경로를 통해 신경관 근처를 지나 대동맥 원기로 이동해서 자율신경절을 형성합니다. 그다음 세포군은 체절 근처를 통과해서 척수신경절을 구성합니다. 마지막으로 벗어나는 세포군은 가장 바깥쪽의 표피 아래로 이동해서 피부의 멜라닌세포로 분화합니다.

그림 3-19 신경능선세포의 이동

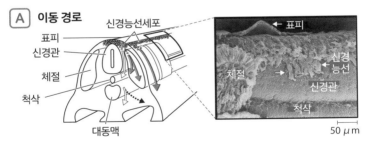

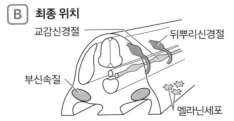

▶ Eric Kandel, et al., *Principles of Neural Science 6th edition*(McGraw-Hill Education, 2021)에서 발췌.

5 신경회로가 만들어지는 과정

이동한 뉴런은 어떻게 신경 회로를 구축할까요? 이 과정은 크게 두 단계로 나뉘는데, 하나는 올바른 방향으로 축삭을 뻗는 과정이고 다른 하나는 상대 뉴런과 시냅스를 형성하는 과정입니다.

축삭을 올바른 방향으로 유도하는 원리를 알아보기 전에, 우선 축삭과 가지돌기가 어떻게 구분되어 만들어지는지부터 알아봅시다. 1세기도 더 전에 카할이 가지돌기에서 축삭으로 신경 전달이 진행된다고 간파했듯이 가지돌기와 축삭, 즉 신경세포에 극성이 존재한다는 점이 신경 회로 구축의 기본 원리입니다.

설치류의 해마에서 적출한 생성 초기의 뉴런을 배양하면서 타임 랩스 관찰(Time lapse microscopy)◆8을 하면 처음에는 짧은 신경돌기가 들

그림 3-20 축삭과 가지돌기의 분화

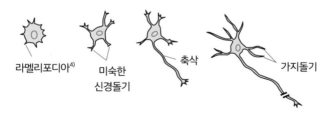

라멜리포디아4) 미숙한 축삭 가지돌기
            신경돌기

4) Lamellipodia: 그물 형태로 존재하는 성장원뿔의 구성 요소. 미세섬유로 이루어져 있다.─옮긴이

▶ Eric Kandel, et al., *Principles of Neural Science 6th edition*(McGraw-Hill Education, 2021)에서 인용.

어갔다 나왔다 하다가 나중에는 한쪽 신경돌기에서 미세섬유가 불안정해지는 현상을 볼 수 있습니다. 그 돌기는 축삭으로 자라면서 길어지고, 다른 돌기는 가지돌기로 변합니다(그림 3-20). 분자 구축 면에서도 긴 축삭에는 타우라는 단백질이 축적되고, 축삭보다 짧은 가지돌기에는 MAP2(Microtubule-associated protein 2)라는 미세소관 결합 단백질[9]이 집적됩니다. 생체 내에서 검증하기는 어렵지만, 같은 원리의 현상이 일어나는 것으로 보입니다.

축삭의 센서, 성장원뿔

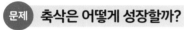 축삭은 어떻게 성장할까?

축삭 앞부분에는 성장원뿔이라는 특징적인 구조가 있습니다. 카할이 이름을 붙이고 아름다운 스케치도 남긴 조직인데, 여기서는 최근 연구 결과를 바탕으로 설명하겠습니다.

긴 축삭 돌기 안에 있는 미세소관 다발들이 축삭의 형태를 유지하는데, 이 축삭의 벌어진 끝부분을 성장원뿔이라고 합니다(그림 3-21). 성장원뿔 주변에는 미세섬유가 매우 많습니다. 미세소관과 미세섬유는 세포 골격 관련 단백질의 작용으로 결합합니다.

성장원뿔이 이동할 때는 일단 세포막에 존재하는 수용체가 서로 대

그림 3-21 축삭의 성장을 감지하는 센서, 성장원뿔

A **필로포디아[5]의 확장**

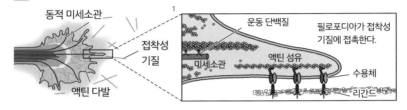

B **중심부에서 길어지는 미세소관**

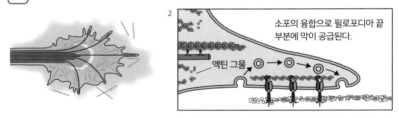

C **세포질이 수축하면서 새 축삭 분절이 형성된다.**

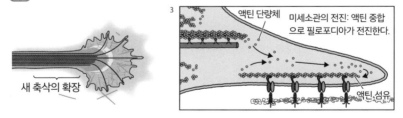

5) Filopodia: 다발 형태로 존재하는 성장원뿔의 구성 요소. 미세섬유로 이루어져 있다.–옮긴이

▶ Eric Kandel, et al., *Principles of Neural Science 6th edition*(McGraw-Hill Education, 2021)에서 인용.

응하는 리간드인 세포바깥바탕질[10]과 결합합니다. 반들반들하면 미끄러워서 움직일 수 없겠지요. 그다음에는 **미세섬유의 액틴이 축삭의 진행 방향으로 뻗고**(액틴 중합) **뒷부분에서는 갈라지는**(탈중합) **과정을 반복합니다.** 그리고 뒤쪽의 축삭에서 미세소관을 구성하는 튜불린이라는 단백질이 중합해 뻗으면서 축삭이 끌어당겨집니다.

축삭이 길어질 때는 세포바깥바탕질이 어느 정도 필요합니다. 반들반들한 배양 접시에서는 축삭이 길어질 수 없으므로 라미닌, 피브로넥틴, 콜라겐 등의 기질 성분이 반드시 있어야 하기 때문입니다.

그리고 축삭의 성장에는 NGF(Nerve growth factor, 신경성장인자)를 비롯해 신경 영양성 인자로 불리는 분자들도 필요합니다. NGF 이외에 유명한 신경 영양성 인자로는 BDNF(Brain-derived neurotrophic factor, 뇌 유래 신경성장인자)가 있습니다.

문제 성장원뿔은 어떻게 나아갈 방향을 결정할까?

축삭 말단의 성장원뿔은 센서 역할을 합니다.

• 축삭을 유도하는 인자들

축삭의 이동 방향을 판단하는 데는 네 가지 분자 메커니즘이 작용합니다(그림 3-22). 첫 번째는 "이쪽 물이 맛있어!"라고 유혹하는 확산성

그림 3-22 축삭 유도 분자 4종

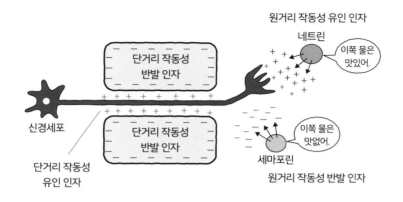

+: 유인 인자, -: 반발 인자
단거리 작동성 유인 인자: 세포부착분자, 카드헤린, 라미닌, 피브로넥틴 등
단거리 작동성 반발 인자: 세마포린, 에프린, 테네신, 프로테오글리칸 등

유인 인자, 두 번째는 "이쪽 물은 맛없어"라며 접근하지 못하도록 막는 확산성 반발 인자, 세 번째는 접촉성 유인 인자, 네 번째는 접촉성 반발 인자입니다.

　대표적인 확산성 유인 인자로 네트린이 있습니다. 성장원뿔이라는 이름을 붙인 카할은 닭 배아의 척수를 관찰하고 "맞교차신경세포의 축삭이 마치 바닥판에서 나는 맛있는 냄새에 이끌리듯 성장한다"라는 기록을 남겼습니다. 카할의 시대는 관찰한 대상을 고찰한 끝에 가설을 주장하면 충분했을지도 모르지만, 현대의 신경과학은 가설을 증명해야만 가치를 인정받는 세계입니다. '맛있는 냄새'의 원인이 어떤 인자인지 궁금해지는군요.

'척수의 맞교차신경세포를 유인하는 분자의 실체는 무엇인가?'라는 문제에 도전한 사람은 캐나다의 뇌과학자 마크 테시어라빈입니다. 그는 미국 컬럼비아대학의 토마스 제셀 연구실에서 근무할 적, 수만 개에 이르는 닭 배아의 가느다란 신경관 중 아주 좁은 영역인 바닥판을 갈라 맞교차신경세포의 축삭을 유인하는 단백질을 확인했습니다. 1994년 테시어라빈은 '인도하다'라는 의미의 산스크리트어 'netr'에서 따와 이 분자의 이름을 네트린(Netrin)이라고 지었습니다. 이후 네트린 유전자를 녹아웃한 마우스를 제작한 실험에서 **척수 등쪽의 맞교차신경세포가 신경관 안을 헤매는 증상을 보임으로써 네트린이 축삭 유인 인자로 작동한다는 사실이 증명되었습니다.**

문제 반발 인자는 어떻게 발견되었을까?

대표적인 반발 인자인 세마포린을 발견한 과학자는 미국의 조너선 터먼입니다. 그는 닭의 뒤뿌리신경절에 위치하는 감각 뉴런을 망막 뉴런과 공동 배양했을 때 **두 뉴런이 만나면 성장원뿔이 형태를 잃고 수축하는 현상을** 발견했습니다. 이를 바탕으로 감각 뉴런의 성장원뿔이 수축하는 반응을 지표 삼아 실험을 진행했고, 콜랩신이라는 이름의 인자를 발견했습니다. 이 분자는 나중에 세마포린이라는 거대 분자군에 속한다는 사실이 밝혀졌습니다. 세마포린은 깃발 신호를 뜻하는 그리스어에서 유래한 이름입니다.

세마포린의 원형인 세마포린3A는 NRP1(뉴로필린1)을 수용체로 결합한다는 사실이 밝혀졌는데, 이때 우연한 행운이 함께했습니다. NRP1을 발견한 과학자는 일본 나고야대학의 후지사와 하지메 교수로, 일본 국립생리학연구소의 야기 다케시(현 오사카대학 교수) 연구실에서 NRP1 녹아웃 마우스를 제작할 당시, 우연히 함께 제작했던 세마포린 녹아웃 마우스와 마찬가지로 말초신경계의 신경 다발이 뿔뿔이 흩어져 있었습니다. 증상(표현형)이 같다면 혹시 이 두 분자가 상호작용하지 않을까 추측했고, 실험 결과가 추측대로였다는 내막이 있습니다.

이후 NRP1이 혈관내피성장인자(VEGF)의 수용체이기도 하다는 사실이 밝혀지면서 세마포린은 신경계뿐만 아니라 혈관계, 면역계 등 다양한 조직에서 중요한 역할을 하는 단백질로 각인되었습니다.

올바른 상대를 찾으려면 어떻게 해야 할까?

다시 한번 짚어볼까요. 올바른 신경 회로를 구축하려면 뉴런의 축삭이 유도 분자를 통해 유인되거나 반발하면서 늘어나고, 축삭 말단의 센서인 성장원뿔이 올바른 표적 세포를 분간해 최종적으로 시냅스를 형성해야만 합니다. 그런데 축삭의 종착점에는 세포가 많지요. 그렇다면 성장원뿔은 어떻게 올바른 표적 세포를 구별할 수 있을까요? 시각을 담당하는 망막 뉴런의 축삭이 표적을 투사하는 메커니즘에 관한 연구의 역사를 따라가며 설명하겠습니다.

• 먹이를 못 잡는 개구리라니?

미국의 신경심리학자 로저 스페리는 뇌의 좌반구와 우반구 사이에 정보가 분리되어 각 기능이 다름을 증명한 분리뇌 연구로 1981년 노벨 생리학·의학상을 받았으며, 그 밖에도 뇌과학 분야의 중요한 발견을 한 인물이기도 합니다. 그 바탕은 개구리의 눈을 뒤집은 1940년대의 실험이었습니다.

　도롱뇽이나 개구리 같은 양서류는 재생력이 뛰어나 시신경을 잘라도 다시 원래대로 회복할 수 있습니다. 스페리는 여기에 착안해서 개구리의 시신경을 자른 다음 눈을 180도 회전시켰습니다. 그러자 이 불쌍한 개구리는 시야가 상하좌우 뒤집히면서 긴 혀를 먹이 반대 방향으로 뻗었습니다(그림 3-23).

　스페리는 이 실험 결과를 해석하기 위해 10년이 넘는 시간 동안 고찰했습니다. 그리고 개구리의 망막에서 재생되어 시개(Optic tectum)[6]에 도달한 시신경이 **'원래' 향했어야 할 올바른 표적 세포와 결합했기 때문이 아닐까** 추측했습니다. 그리고 그는 영국의 존 뉴포트 랭글리가

---

6) 시개는 중뇌의 일부로, 포유류에서는 위둔덕이라고 불리는 영역입니다.

그림 3-23 스페리의 실험: 먹이를 못 잡는 개구리

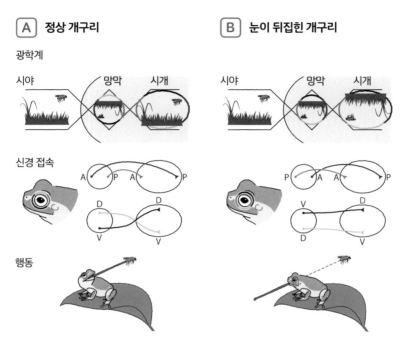

| A | 정상 개구리 | | B | 눈이 뒤집힌 개구리 |

▶ Eric Kandel, et al., *Principles of Neural Science 6th edition*(McGraw-Hill Education, 2021)에서 인용.

1890년대 중반에 주장한 화학 수용체 가설을 수용해서 화학 친화성 가설이라는 제목으로 1963년에 발표했습니다.

화학 친화성 가설을 알기 쉽게 설명하면 이렇습니다. 망막과 시개에 각각 '주소'에 해당하는 표지가 붙어 있다고 생각해보세요. 각 주소의 뉴런마다 화학적 성질이 다르지요. 이 성질을 바탕으로 망막의 특정 위치에 존재하는 시각세포는 **시개에 대응하는 주소의 표적에 선택적**

으로 또는 배타적으로 투사합니다. 이를 국소적(Topographic) 패턴이라고
합니다.

수많은 연구자가 화학 친화성 가설에 도전해서 선택적으로 표적을
인식하는 분자를 찾고자 했지만, 1980년대 후반에 이르기 전까지는
확인되지 않았습니다.

• 간단한 실험이 성공의 열쇠!

2021년에 세상을 떠난 독일의 천재 과학자 카를 본회퍼는 원래 DNA
중합 효소 같은 분자생물학 연구를 했으나, 1970년대에 연구 주제를
신경발생생물학으로 전환해 스페리의 화학 친화성 가설의 실체가 되
는 분자를 탐색하고자 했습니다.

그는 스트라이프 분석(Stripe assay)이라는 정교한 실험을 고안했습니
다. 개구리 대신 세포를 배양할 수 있는 닭으로 실험 대상을 바꾸었
고, 표적인 시개의 앞부분과 뒷부분을 길게 잘라 배양 접시 위에 펼쳤
습니다. 그리고 그 위에 시각세포를 포함한 망막의 앞부분 혹은 뒷부
분의 조직을 놓고 축삭을 길게 늘였습니다. 그러자 망막의 코 쪽 시각
세포에서 유래한 축삭은 양쪽 조직을 향해 늘어났지만, 관자놀이에서
유래한 축삭은 시개 앞쪽으로만 늘어났습니다(그림 3-24).

**간단한 실험의 개발은 신경발생뿐만 아니라 온 과학 분야의 성공에 이르
는 첫걸음입니다.** 본회퍼는 생체 내에서 일어나는 국소적 축삭 투사

그림 3-24 본회퍼의 스트라이프 분석

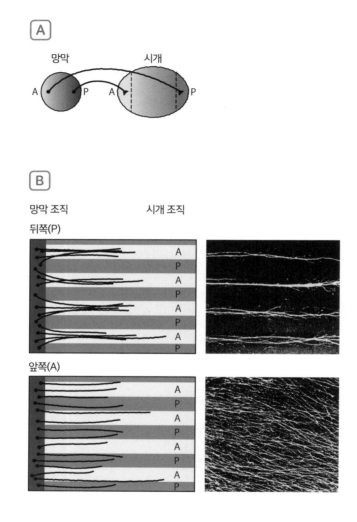

▶ Eric Kandel, et al., *Principles of Neural Science 6th edition*(McGraw-Hill Education, 2021)에서 발췌.

를 재현하는 실험을 확립함으로써 화학 친화성의 본체인 분자에 한 층 더 가까이 다가갔습니다. 그러나 스트라이프 분석에 관한 논문이 세상에 나온 해는 1987년, 그리고 밝혀진 분자의 정체가 발표된 해는 1995년입니다.

스트라이프 분석 결과를 본 본회퍼는 표적인 시개의 뒷부분에 망막과 관자놀이 쪽의 시각세포 축삭이 반발하게 하는 분자가 존재하리라고 생각했습니다. 그리고 2차원 전기영동법으로 단백질을 분리함으로써 닭 시개의 앞쪽 조직에는 거의 존재하지 않고 뒤쪽 조직에 많이 존재하는 단백질을 발견했고, RAGS(Repulsive axon guidance signal)라고 명명했습니다. 이 분자는 나중에 에프린A5라는 이름으로 바뀌었습니다.

같은 시기에 미국의 존 플래너건도 본회퍼와 별개로 닭 시개의 뒤쪽 조직에 많이 존재하는 단백질 ELF-1(Eph ligand family-1, 이후 에프린A2로 개명)이라는 분자를 발견했으며 ELF-1의 수용체인 MEK-1(이후 EphA3로 개명)이 망막의 관자놀이 쪽에 많다는 사실도 밝혀냈습니다. 이름이 바뀐 단백질이 많은데, 그 분자를 연구하는 과학자들이 많아지면서 쌓인 연구 성과가 정리된 결과로 볼 수도 있습니다.

그리고 1990년대 후반에는 스웨덴의 요나스 프리셴이 플래너건과 함께 에프린A5와 에프린A2를 녹아웃한 마우스는 망막에 제대로 투사되지 않는다는 사실을 발견해 **망막 시개 투사의 국소 메커니즘 연구에 마침표를 찍었습니다**(그림 3-25).

그림 3-25 망막-시개 투사의 분자 메커니즘

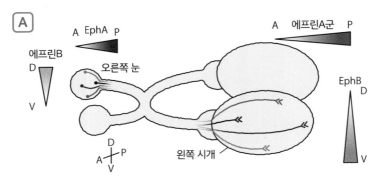

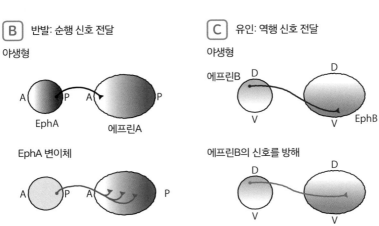

A) 닭의 망막과 시개의 위치 관계와 에프린, 에프린 수용체인 Eph의 발현 농도 구배. A: 앞쪽, P: 뒤쪽, D: 등쪽,
  V: 배쪽.

B) 반발 메커니즘. EphA가 망막 뒤에서 많이 발현되므로, 에프린A의 농도가 높은 시개 뒤쪽을 피해 앞쪽에 투
  사된다. EphA 변이 마우스의 경우 이 투사에 이상이 생겨 시개 뒤쪽에도 투사된다.

C) 유인 메커니즘. 에프린B의 농도가 높은 망막 등쪽에서는 EphB의 농도가 높은 시개 배쪽에 투사된다. 에프
  린B의 작용을 방해하면 이 투사 작용이 제대로 되지 않는다.

▶ Eric Kandel, et al., *Principles of Neural Science 6th edition*(McGraw-Hill Education, 2021)에서 발췌.

시냅스는 어떻게 형성될까?

그렇다면 신경 회로 형성의 마지막 단계인 시냅스 형성은 어떻게 진행될까요?

시냅스 형성은 세 단계로 나뉩니다. **1단계, 축삭이 시냅스이후세포의 후보 중 결합할 표적 세포를 선택합니다.** 특정 표적 세포에 한정해서 시냅스 결합이 형성되면 정보를 처리하는 기능적 회로가 구축됩니다. 대부분 시냅스이후세포의 특정 부위에 시냅스가 형성됩니다. 어떤 축삭은 가지돌기에, 다른 축삭은 세포체에, 또 다른 축삭은 신경종말에 시냅스를 형성합니다.

2단계, 세포끼리 접촉하면 축삭 말단에 있는 성장원뿔의 표적 세포에 접촉하는 부위가 시냅스이전신경종말로 분화하고, 이에 대응하는 표적 세포의 영역은 특수한 시냅스이후세포로 분화합니다. 시냅스이전세포와 시냅스이후세포의 분화는 축삭과 표적 세포의 상호작용에 따라 조절됩니다.

3단계, 형성된 시냅스가 재편성되면서 성숙해집니다. 어떤 시냅스는 강화되지만 다른 시냅스는 제거되는데요. 이 단계는 4장에서 자세히 알아보겠습니다.

• 신경근 접합부의 형성

시냅스 형성 과정은 중추신경계의 뉴런과 뉴런 사이에서 이루어지는

그림 3-26 신경근 접합부의 형성

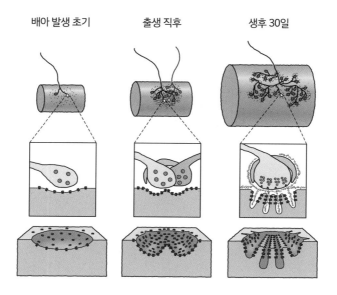

▶ Eric Kandel, et al., *Principles of Neural Science 6th edition*(McGraw-Hill Education, 2021)에서 인용.

데, 여기서는 시냅스 연구의 역사 중 가장 초창기에 초점을 맞추어, 정보가 많이 축적된 신경근 접합부◆11를 다루겠습니다(그림 3-26).

척수에서 뻗은 운동 뉴런의 축삭은 축삭 유도 분자들을 따라 발달 중인 골격근에 도달한 후 미숙한 근섬유에 접근합니다. 표적 근섬유에 접촉한 성장원뿔은 신경종말이라는 구조로 바뀌고, 맞은편 근섬유의 표면 역시 특수한 형태로 바뀝니다. 발생 과정 동안 다양한 종류의 시냅스 분자가 뒤따라 붙으면서 시냅스의 구조적 특징이 뚜렷해지고, 최종적으로는 신경근 접합부가 성숙하면서 복잡한 형태를 띱니다 (그림 3-26 오른쪽). 그리고 시냅스 앞부분과 시냅스 뒷부분 사이에는 세포바깥바탕질이 집적됩니다.

기능적인 면을 보면, 운동 뉴런의 성장원뿔이 발생 도중 근육 원기세포에 접촉한 직후부터(그림 3-26 왼쪽) 신경 전달이 가능해집니다. 시냅스 소포에 들어 있던 아세틸콜린이 방출되어 수용체에 결합하면 근육 원기가 탈분극해 수축합니다.

중추신경계의 시냅스 형성

중추신경계의 시냅스 형성 과정도 신경근 접합부와 비슷합니다. 시냅스이전뉴런에 존재하는 시냅스 소포의 주요 단백질 성분은 대부분 중추신경계나 말초신경의 신경근 접합부에서도 같습니다. 신경전달물질이 방출되는 메커니즘 역시 정량적으로는 다를지언정 정성적으로는 같습니다.

신경전달물질의 수용체는 시냅스 후막에 집중적으로 집합을 형성합니다(Receptor clustering). 여러 시냅스에 공통으로 나타나는 특징이지요. 뇌에서는 글루탐산, 글라이신, 감마 아미노뷰티르산(GABA) 등 **신경전달물질의 수용체가 표적 세포의 시냅스 후막에 집중되어 있습니다.** 세포부착분자나 이를 뒷받침하는 단백질 등도 시냅스에 집중되어 있으며, 시냅스를 형성하는 분자의 기능에 이상이 생기면 정신질환으로

그림 3-27 중추신경계의 억제성·흥분성 시냅스가 형성될 때 일어나는 신경전달물질 수용체의 집적

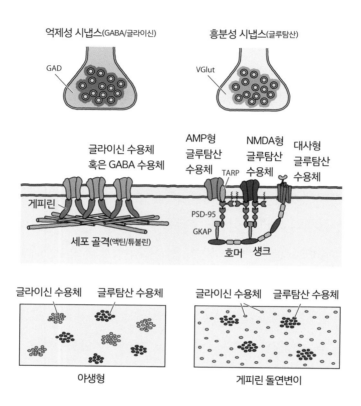

▶ Eric Kandel, et al., *Principles of Neural Science 6th edition*(McGraw-Hill Education, 2021)에서 일부 발췌해서 인용.

이어집니다(4장 참조).

중추신경계의 뉴런은 근육 세포에 투사하는 말초신경계의 뉴런과 다른 신경전달물질을 사용합니다. 이때 시냅스이전뉴런의 신경종말이

신경전달물질 수용체를 자극해 빠르게 모이도록 합니다. 해마에서 적출한 뉴런을 배양하면 흥분성인 글루탐산 작동성 뉴런의 축삭과 억제성인 GABA 작동성 뉴런의 축삭이 같은 뉴런의 가지돌기와 맞닿은 영역에 시냅스가 형성됩니다. 처음에는 글루탐산 수용체와 GABA 수용체가 분산되어 있지만, **얼마 지나지 않아 저마다 신경전달물질을 방출하는 신경종말에 선택적으로 집적됩니다**(그림 3-27).

시냅스가 성숙하면서 기능적인 변화도 일어나는데, 이에 대해서는 4장에서 알아보겠습니다.

◆1 **세포의 분열과 분화:** 세포 분열만으로는 하나의 수정란에서 개체로 성장할 수 없습니다. 우리 몸에는 약 200종의 세포가 있다고 합니다. 이렇게 다양한 세포로 나뉘어 변하는 현상을 생명과학에서는 분화라고 합니다. 세포가 올바르게 분열해 분화하는 것이 발생 현상의 기본입니다. 참고로 암은 세포의 증식과 분화가 폭주한 상태입니다.

◆2 **외배엽, 중배엽, 내배엽:** 내배엽은 소화기와 호흡기로 자라는 세포입니다. 배반엽 상층에서 벗어난 세포는 배반엽 상층과 하층 사이의 공간을 채우는 중배엽을 형성합니다. 중배엽은 뼈, 연골, 근육, 신장 등을 만드는 세포입니다. 낭배의 세포층이 안으로 접힌 다음 배반엽 상층에 남아 있는 세포가 외배엽을 구성합니다. 피부와 땀샘, 침샘, 털 등 피부에 부속된 조직과 신경계의 조직이 외배엽에서 만들어집니다.

◆3 **신경줄기세포:** 신경줄기세포는 미분화 상태의 줄기세포 중 신경계로 분화하도록 운명이 결정된 세포입니다. 영어로는 'Neural stem cells'이므로 줄기세포라고 표기하지만, 보통 씨앗이 되는 세포라는 의미로 쓰입니다. 신경줄기세포는 뉴런 외에 별아교세포와 희소돌기아교세포 등 신경아교세포로도 분화할 수 있습니다. 엄밀히는 대칭성 분열로 자기 세포 수를 늘리면서도 여전히 미분화 세포 상태인 단계를 신경줄기세포, 비대칭성 분열을 통해 자신과 성질이 같은 딸세포는 물론 뉴런을 비롯해 다른 세포로 분화할 세포로 분열하는 단계를 신경전구세포로 구분하기도 합

니다. 그러나 연구자마다 정의가 약간씩 다를 때도 있으므로 주의해야 합니다.

◆4 **동형접합 변이:** 아버지와 어머니로부터 물려받은 대립유전자쌍 중 한쪽에 변이가 생긴 상태를 이형접합 변이(Heterozygous mutation), 양쪽에 변이가 생긴 상태를 동형접합 변이(Homozygous mutation)라고 합니다. 이형접합 변이 상태에서는 변이하지 않은 유전자가 작동할 수 있지만, 동형접합 변이가 일어나면 두 대립유전자 모두 정상적으로 작동할 수 없습니다.

◆5 **리간드와 수용체:** 리간드와 수용체는 열쇠와 열쇠 구멍처럼 서로 맞물리는 조합일 때만 작용합니다. 반드시 1대1로 대응하지는 않으므로 열쇠 구멍(수용체)에 들어가는 열쇠(리간드)가 여러 종류일 때도 있고 열쇠 하나로 열리는 열쇠 구멍이 여러 종류일 때도 있습니다. 적절한 리간드와 수용체가 결합하면 세포 안에서 정보가 전달되는데, 이를 신호 전달이라고 합니다.

◆6 **흥분성 뉴런과 억제성 뉴런:** 2장에서 흥분성 시냅스와 억제성 시냅스를 배웠습니다. 흥분성 시냅스가 달린 시냅스이전뉴런을 흥분성 뉴런, 억제성 시냅스가 달린 시냅스이전뉴런을 억제성 뉴런이라고 합니다. 전달 물질의 이름을 따서 부르기도 하는데, 이를테면 글루탐산을 분비하는 뉴런은 글루탐산 작동성 뉴런, GABA를 분비하는 뉴런은 GABA 작동성 뉴런입니다.

◆7 세포 이동에 필요한 부품, 세포 골격: 세포의 모식도를 보면 세포막으로 둘러싸인 세포질 안에 미토콘드리아를 비롯한 세포소기관이 떠다니고 빈 공간이 많은 액체 상태 같은 이미지이지만, 실제로는 그렇지 않습니다. 세포질은 다양한 단백질로 꽉 차 있기 때문입니다. 그리고 그 단백질 중에는 섬유 상태의 구조가 있는데 각각 미세소관(지름 약 25nm), 중간섬유(지름 약 10nm), 미세섬유(지름 약 8nm)입니다. 미세섬유를 구성하는 물질은 알파 튜불린과 베타 튜불린이라는 단백질이고 미세섬유는 액틴이라는 단백질로 이루어져 있지만, 중간섬유는 신경세포에서는 신경섬유, 줄기세포에서는 네스틴 등 세포에 따라 섬유를 구성하는 단백질의 종류가 다릅니다. 미세소관은 축삭과 가지돌기를 구성하는 중요한 세포 골격이자 세포 내 물질을 수송하는 통로고, 미세섬유는 세포 끝부분에 모여 말단의 형태를 유연하게 바꿉니다. 중간섬유는 세포의 형태를 유지하는 데 중요한 작용을 하는 것으로 추정됩니다.

◆8 타임 랩스 관찰: 오늘날에는 배양 중인 세포의 움직임을 시간 경과에 따라 관찰할 수 있습니다. 이를 활용한 실험 기법을 타임 랩스 관찰이라고 합니다. 일반적으로 배양 샘플을 준비해서 형광 현미경으로 관찰하며, 일정 시간마다 배양 중인 세포를 촬영해 편집한 스톱 모션 영상을 통해 시간에 따른 세포의 움직임을 확인할 수 있습니다.

◆9 미세소관 결합 단백질: 세포 골격의 일종인 미세소관이 무엇인지 ◆7에서 설명했는데, 미세소관 단백질은 섬유 형태의 미세소관끼리 결합하도록 하는 단백질입

니다. 여러 종류의 미세소관 단백질 중 특히 MAP2는 신경세포의 가지돌기에만 존

재하며, 축삭과 가지돌기를 분자적으로 구별할 때도 쓰입니다.

◆10 **세포바깥바탕질**: 세포 바깥에는 각종 세포바깥바탕질이 존재합니다. 콜라젠,

라미닌, 피브로넥틴 등의 섬유성 단백질뿐만 아니라 히알루론산 같은 당단백질도

이에 속합니다. 모두 화장품 성분으로 이용되는 물질입니다.

◆11 **신경근 접합부**: 운동 뉴런의 축삭은 근육을 표적으로 투사함으로써 근육의

움직임을 지배합니다. 이 운동 뉴런과 근육 사이에도 일종의 시냅스와 닮은 구조가

형성되는데, 이를 신경근 접합부라고 합니다.

참고문헌

• 구라타니 시게루·오스미 노리코 지음, 『神経堤細胞—脊椎動物のボディプランを支えるもの(신경능선세포: 척추동물의 체제를 유지하는 세포)』(도쿄대학출판회, 1997)

• 마나베 도시야 엮음, 「五嶋良郎:第3章神経回路形成(제3장 신경회로 형성-고시마 요시오)」, 『脳・神経科学集中マスター(뇌·신경과학 집중 마스터)』(요도샤, 2005), pp. 53-61.

• 오카모토 히토시 엮음, 아마리 준이치 감수, 「宮田卓樹:大脳皮質の形成機構(미야타 다카키, 대뇌겉질의 형성기구)」, 『シリーズ脳科学4 脳の発生と発達(시리즈 뇌과학 4 뇌의 발생과 발달)』(도쿄대학출판회, 2008), pp. 43-86.

• Eric Kandel, et al., *Principles of Neural Science 6th edition*(McGraw-Hill Education, 2021)

• Götz M. & Huttner W.B., "The cell biology of neurogenesis", *Nat Rev Mol Cell Biol*, 6(10), pp. 777-788, 2005, doi:10.1038/nrm1739.

• Roelink H., et al., "Floor plate and motor neuron induction by different concentrations of the amino-terminal cleavage product of sonic hedgehog autoproteolysis", *Cell*, 81(3), pp. 445-455, 1995, doi:10.1016/0092-8674(95)90397-6.

• Hirotsune, S., et al., "Graded reduction of *Pafah1b1(Lis1)* activity results in neuronal migration defects and early embryonic lethality", *Nat Genet, 19*(4), pp. 333-339, 1998, doi:10.1038/1221.

• Obituary:Friedrich Bonhoeffer(1932-2021) https://journals.biologists.com/dev/article/148/4/dev199522/237482/Obituary-Friedrich-Bonhoeffer-1932-2021(2023년 6월 열람)

제 4 장

뇌의 발달과 노화

Joseph Altman

1 신경아교세포의 탄생

우리의 뇌는 수정 후 4~5주 차라는 이른 시기에 원기인 신경관이 나타나고, 신경관에 '주소'가 지정되면서 뇌와 척수가 영역으로 구분되어 다양한 뉴런을 만들어내는 토대가 된다는 내용을 3장에서 살펴봤습니다. 신경줄기세포는 대칭성 분열로 증식하고, 시간이 지나면 비대칭성 분열로 자신을 유지하는 한편 새 뉴런을 만들어냅니다. 그리고 신경생성기의 신경줄기세포, 엄밀히는 신경전구세포가 방사형 아교세

그림 **4-1** 신경아교세포의 계보

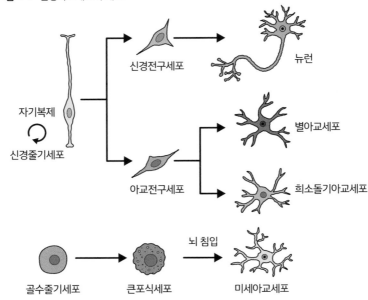

포라는 특수한 형태의 '엄마 세포'로서 새로 만들어진 뉴런이 이동하는 발판이 된다는 내용도 소개했습니다. 대뇌겉질에서 만들어지는 흥분성 뉴런은 방사형으로 이동하지만, 대뇌바닥핵 원기에서 만들어지는 억제성 뉴런은 접선 방향으로 먼 거리를 이동해 대뇌겉질에 정착합니다.

그렇다면 뇌를 구성하는 세포 중 뉴런이 아닌 신경아교세포는 어떻게 만들어질까요?

세 종류의 신경아교세포 중 별아교세포와 희소돌기아교세포는 신경줄기세포에서 파생되지만, 미세아교세포는 골수줄기세포에서 분화된 큰포식세포(Macrophage)가 뇌에 침입해서 만들어집니다(그림 4-1). 그리고 별아교세포와 희소돌기아교세포는 외배엽에서 유래하지만, 미세아교세포는 중배엽에서 유래합니다. 이제 신경아교세포들이 어떻게 만들어지는지 알아볼까요?

별아교세포의 생성

척수와 대뇌바닥핵에서는 신경아교세포 중 희소돌기아교세포가 먼저 만들어지지만, 대뇌겉질에서는 별아교세포가 만들어진 다음 희소돌기아교세포가 만들어집니다(그림 4-2). 전체적인 발생 과정은 골수 쪽이 빠르고, 운동 뉴런의 축삭이 태생기 초부터 척수 바깥 방향으로 길어지므로 축삭 주위에 말이집을 형성하는 희소돌기아교세포 역시

그림 4-2 대뇌겉질에서 일어나는 신경아교세포 생성 과정

A *in vivo*상 세포의 발달

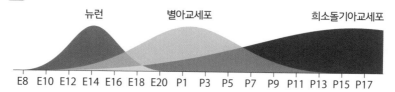

뉴런   별아교세포   희소돌기아교세포

E8 E10 E12 E14 E16 E18 E20 P1 P3 P5 P7 P9 P11 P13 P15 P17

B 수정 후 12일 차 마우스의 대뇌겉질 원기에서 유래한 신경줄기세포를 장기배양했을 때의
분화 과정

A) 마우스 배아의 대뇌겉질에서 각 세포가 생성되는 과정. 마우스의 대뇌겉질 원기에서 생성 시기가 가장 빠른
세포는 수정 후 10일 차(E10)부터 만들어지는 뉴런이며, 이어서 별아교세포의 생성량이 출생 후 1~3일 차
(P1~3)에 정점에 달하고 희소돌기아교세포가 그 뒤를 따라 만들어진다.
B) 수정 후 12일 차 마우스의 대뇌겉질 원기에서 유래한 신경줄기세포를 장기배양했을 때의 분화 과정.
N: 뉴런, A: 별아교세포, O: 희소돌기아교세포

▶ Sauvageot C.M. & Stiles C.D., "Molecular mechanisms controlling cortical gliogenesis", *Curr Opin Neurobiol, 12*(3), pp. 244-249, 2002에서 인용.

일찍부터 만들어져야 하기 때문으로 보입니다. 여기서는 더 많이 알려
진 대뇌겉질의 발생·발달 과정에서 생성되는 별아교세포를 소개하겠
습니다.

연구 성과가 가장 많이 쌓인 마우스의 대뇌겉질을 기준으로, 별아
교세포는 **뉴런 생성량이 정점을 지난 수정 후 16일 차부터 만들어집니다.**
3장에서 설명했다시피 폴리콤 단백질 같은 인자가 작용하면서 발생

그림 4-3 대뇌겉질의 신경아교세포 분화에 관여하는 분자들

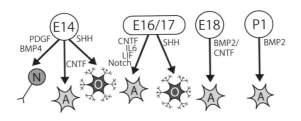

수정 후 14일 차(E14)의 대뇌겉질 원기에서 유래한 신경줄기세포를 배양할 때 PDGF와 BMP4를 추가하면 뉴런 (N)으로 분화하고, CNTF와 SHH를 각각 추가하면 별아교세포(A), 희소돌기아교세포(O)로 분화한다. 이때도 역시 유래한 신경줄기세포의 발생 단계에 따라 특정 세포의 분화에 작용하는 분자가 저마다 다르다.

▶ Sauvageot C.M. & Stiles C.D., "Molecular mechanisms controlling cortical gliogenesis", *Curr Opin Neurobiol, 12*(3), pp. 244-249, 2002에서 인용.

과정 도중 신경줄기세포의 성질이 점점 바뀌는데, 뉴런 대신 별아교세포를 만들도록 내인성 프로그램이 전환됩니다. Ngn1처럼 뉴런 분화를 유도하는 전사인자의 유전자에는 '자물쇠'가 걸려 스위치가 꺼지고, 그 대신 *Hes1*을 비롯해 별아교세포 분화를 유도하는 유전자의 스위치(예: Id)가 켜집니다. 그리고 방사형 아교세포에 작용하는 전사인자 Pax6는 분화한 별아교세포에서도 스위치를 아주 살짝 켜는데, 이 기능이 손상되면 별아교세포가 성숙하지 못하도록 억제됩니다. 같은 전사인자라도 활약하는 위치에 따라 각기 다른 하위 요소를 제어한다고 할 수 있습니다.

　뉴런 생성과 마찬가지로 별아교세포의 생성 과정에도 세포 바깥에서 전달되는 신호가 관여합니다. 이러한 요소로는 신경줄기세포를 미

그림 4-4 대뇌겉질의 신경아교세포 분화에 관여하는 분자

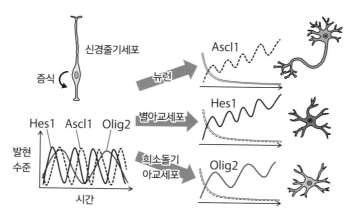

▶ 가게야마 료이치로, 「시간 지연과 유전자 발현 진동」 생화학, 93(2), pp. 212-220, 2021을 토대로 작성.

분화 상태로 유지하는 Notch, 신호 전달 경로 중 하나인 JAK/STAT 경로, 그리고 분비 인자인 BMP, EGF, FGF 등이 있습니다(그림 4-3).

그리고 교토대학의 가게야마 료이치로(현 이화학연구소 뇌과학종합연구센터장) 연구팀은 뉴런·신경아교세포 분화 과정에서 여러 유전자의 발현량이 2시간 주기로 증가와 감소를 반복하는 진동(Oscillation) 현상을 발견했습니다(그림 4-4). 신경줄기세포가 증식하는 동안 *Ascl1*, *Hes1*, *Olig2* 등 세 유전자가 진동 현상을 보였는데, 최종적으로 진동이 멈추면서 *Ascl1* 유전자가 많이 발현한 상태로 안정된 세포는 뉴런이 되었고, *Hes1*이 계속 발현하면 별아교세포로, *Olig2*의 발현량이 많은 세포는 희소돌기아교세포로 분화했습니다. 이는 단순히 어떤 인자가 작용

했는가뿐만 아니라, 어느 타이밍에 작용했는가도 중요하다는 의미입니다.

이처럼 뇌의 발생 프로그램이 뉴런 생성에서 별아교세포 생성으로 전환되는 데에는 다양한 분자가 관여합니다. 이때 프로그램이 아주 조금 수정되어 별아교세포가 분화하는 시기가 늦어지는 바람에 신경줄기세포의 분열 횟수가 약간 증가한다면 결과적으로 뉴런이 굉장히 많이 만들어집니다. 즉, 새로운 유전자를 획득하지 않더라도 뇌의 발생 시나리오가 상당히 달라질 수 있습니다.

희소돌기아교세포의 생성과 말이집 형성

마우스 대뇌겉질의 희소돌기아교세포는 출생 전부터 만들어지기 시작하며 생후 2주 차가 되면 생성량이 정점에 달합니다. ①에서도 언급했다시피 희소돌기아교세포의 분화를 자극하는 내인성 전사인자로는 Olig2가 있습니다. 다시 한번 언급하자면, Notch 신호가 작용하는 동안 희소돌기아교세포의 분화는 억제됩니다. 뇌의 영역으로 보면 억제성 뉴런과 마찬가지로 대뇌겉질의 희소돌기아교세포도 끝뇌 배쪽에서 생성되는데, 이때 PDGF(Platelet-derived growth factor, 혈소판 유래 성장인자)와 3장에서 소개한 SHH가 유도한다는 사실이 확인되었습니다. SHH는 Olig2를 유도하는 인자이기도 합니다(그림 4-3).

희소돌기아교세포의 말이집 형성 과정은 세포의 세포체 일부가 뉴런의 축삭을 감는 데서부터 시작됩니다. 2장에서 설명했다시피 하나의 희

그림 4-5 말이집 형성

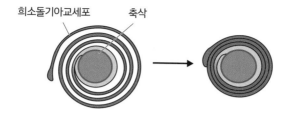

희소돌기아교세포　축삭

그림 4-6 마우스 배아에서 증명된 미세아교세포의 기원

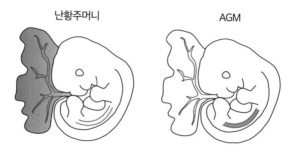

난황주머니　　　　　　　AGM

큰포식세포는 조혈조직에도 존재하는 난황주머니(회색)에서 생성되어 혈류를 타고 배아 안으로 이동하며, 일부 큰포식세포는 뇌에 도달해 미세아교세포가 된다(왼쪽). 한편 대동맥, 생식기, 신장이 발생하는 AGM이라는 영역도 조혈조직이며 큰포식세포가 생성되는데, 여기서 만들어진 세포들은 말초큰포식세포의 형태로 몸 안을 순환하며 뇌에 침입하지는 않는다(오른쪽).

▶ 출처: ・그림: Azzoni E., et al., "Kit ligand has a critical role in mouse yolk sac and aorta-gonad-mesonephros hematopoiesis", *EMBO Rep*, *19*(10), 2018에서 인용. ・미세아교세포의 기원: 고베대학 다쿠미 도루 교수의 연구(원서 p.195 참조)에서 인용.

소돌기아교세포는 여러 축삭을 감아서 말이집을 형성합니다. 최종적으로는 바움쿠헨처럼 희소돌기아교세포의 세포막이 축삭을 몇 겹씩 휘감은 구조가 만들어집니다(그림 4-5). 이 과정은 배양 접시에서도 재현할 수 있습니다.

이렇게 만들어진 말이집은 절연체로서 신경 전달 속도를 높이지만, 말이집 성분이 뉴런의 재생을 억제한다는 부정적인 면도 있습니다.

문제 미세아교세포는 어디서 왔을까?

미세아교세포는 뇌를 구성하는 세포 중 약 10%를 차지한다고 추정되지만, 외배엽에서 파생된 뇌의 원기에서 유래한 세포는 아닙니다. 다른 면역계 세포와 마찬가지로 중배엽에서 기원한 세포이지요. 면역계 세포 중 미세아교세포와 가장 가까운 세포는 큰포식세포(Macrophage)[1]입니다. 마우스를 이용한 연구에 따르면 현재는 배아를 감싸는 난황주머니[2]에 존재하며 배아의 신장이나 생식기가 발생하는 대동맥 근처의 AGM(Aorta-gonad-mesonephros, 대동맥-생식샘-중간콩팥)이라는 영역에서 형성되는 미분화 상태의 혈관과 혈구가 큰포식세포의 기원으로 보입니다(그림 4-6). 미세아교세포는 큰포식세포 중 뇌에 침입해 정착한 세포입니다. 마우스의 대뇌 원기에서는 수정 후 9일 차부터 혈관의 침입이 시작되는데, **혈관뿐만 아니라 큰포식세포도 침입하며 수정 후 14일 차쯤에는 미세아교세포가 검출됩니다.**

미세아교세포는 지금까지 뇌에 장애가 생겼을 때 활동을 시작한다고 여겨졌습니다. 그래서 미세아교세포의 연구 주제 역시 질병과의 연관성에 초점이 맞추어져 있었지요. 그러나 최근 미세아교세포가 불필요한 시냅스를 제거하며, 정상적인 발생·발달 과정 중 적극적으로 시냅스 제거에 관여한다는 사실이 밝혀졌습니다. ②에서 마저 소개하겠습니다.

2 시냅스 가지치기

3장에서 신경 회로 형성의 세 단계 중 축삭의 성장과 시냅스 형성을 소개했습니다. 여기서는 형성된 시냅스를 '가지치기'하는 메커니즘에 관해 가장 자세히 밝혀진 마우스의 소뇌를 예로 들어 설명하겠습니다(그림 4-7).

생후 3일 차 이후 조롱박세포라는 신경세포에는 오름섬유라는 뉴런의 축삭이 여러 개 도달합니다. **그중 기능이 강화된 섬유가 살아남아 시냅스를 형성하고, 강화되지 못한 섬유의 시냅스는 사라집니다.** 나무의 잔가지를 쳐내듯 승자가 된 뉴런의 시냅스를 제외한 시냅스들을 가지치기하는 과정이라고 할 수 있습니다.

인간의 뇌에서는 유아기에 가지치기 현상이 일어납니다. 생후 약 2년 동안은 가지돌기가 점점 성장하며 활발하게 시냅스를 형성하지만, 이후에는 불필요한 시냅스를 하나둘씩 가지치기하면서 신경회로가 정리됩니다. **시냅스의 신호 전달이 효율적인 이유는 가지치기에서 살아남은 '강한' 시냅스로 이루어지기 때문입니다.** 최근 뇌 영상 기술을 활용한

그림 4-7 마우스 소뇌에서 일어나는 시냅스 형성과 가지치기

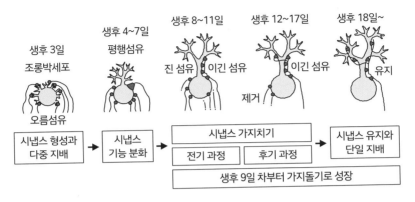

▶ 와타나베 다카키 외, 「생후 발달기의 소뇌에서 일어나는 시냅스 가지치기의 메커니즘」, 생화학, 88(5), pp. 621-629, 2016에서 인용.

그림 4-8 시간 경과에 따른 인간 대뇌겉질의 부피 변화

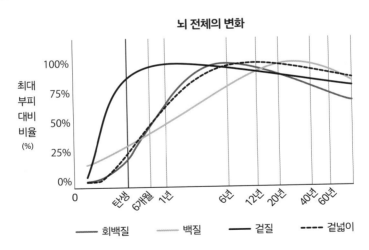

대뇌 사진을 바탕으로 한 최근 메타 해석에 따르면 대뇌겉질은 생후 1년일 때 가장 두껍고, 이후 시냅스 가지치기가 시작되면서 두께가 감소한다. 한편 말이집은 태어난 이후 형성되므로 백질의 부피는 20세에 가장 커진다.

▶ Bethlehem R.A.I., et al., "Brain charts for the human lifespan", Nature, 604(7906), pp. 525-533, 2022에서 인용.

그림 4-9 미세아교세포의 시냅스 가지치기

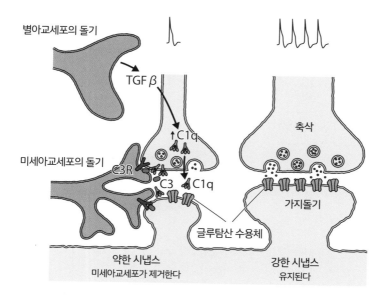

별아교세포의 돌기

TGF β

↑C1q

축삭

미세아교세포의 돌기

C3R

C3

C1q

글루탐산 수용체

가지돌기

약한 시냅스
미세아교세포가 제거한다

강한 시냅스
유지된다

▶ Eric Kandel, et al., Chapter 48, *Principles of Neural Science 6th edition*(McGraw-Hill Education, 2021)에서 인용.

연구에서도 생후 약 1년 차에 대뇌겉질이 최고로 두꺼워진다는 점이
확인되었습니다(그림 4-8).

　가지치기 자체는 예전부터 확인된 현상이었지만, 자세한 메커니즘
은 오랫동안 베일에 싸여 있었습니다. 그런데 사실 이 과정에는 미세
아교세포가 중요한 역할을 하고 있었습니다.

　미세아교세포는 여태 뇌가 손상되었을 때 활성화되어 죽은 세포와

세포의 잔해를 제거하는 세포로 알려졌으나 **정상적인 발생·발달 과정에서도 다른 시냅스보다 활동성이 낮은 특정 시냅스가 보이면 미세아교세포가 그 시냅스를 둘러싸고 먹어버립니다**(그림 4-9). 이때 이용되는 표지 분자는 포식 작용 신호(Eat-me signal)를 내보내며, 한편으로는 친척인 큰포식세포의 포식 작용과 마찬가지로 보체로 작용합니다. 그리고 최근 연구에서는 세포자멸사(Apoptosis)라는 세포의 죽음에 관여하는 캐스페이스(Caspase) 분자가 보체와 함께 작용한다는 사실이 밝혀졌습니다.

흥미롭게도 자폐 스펙트럼 장애가 있는 사람의 뇌에서는 이 가지치기 현상이 정상적으로 나타나지 않을 가능성이 제기되고 있습니다. 반대로 지나친 가지치기 때문에 시냅스가 소실되었을 때 알츠하이머병이나 조현병 같은 질환의 증상이 나타날지도 모른다고 연구자들은 추측하고 있습니다. 뒤에서 더 자세히 소개하겠습니다.

⑩ 스마트폰에 중독된 뇌는 괜찮을까?

스마트폰은 1990년대에 처음 등장한 이래로 눈 깜짝할 새 우리 생활에 녹아들었습니다. 저는 스마트폰 중독은 아니지만, 스마트폰 없이는 살 수 없게 되었습니다. 제게 스마트폰은 휴대 전화기라기보다 뇌의 기억을 보충하는 외부 메모리이자 인터넷을 통해 정보를 검색하는 기기입니다. 카메라 기능도 점점 발전하고 있어서 문득 생각날 때마다 계절의 변화를 손쉽게 촬영할 수 있게 되었습니다. 그렇게 찍은 사진과 동영상을 트위터, 페이스북, 인스타그램, 라인 같은 SNS에 올릴 수도 있고, 킨들에서 전자책을 읽거나 유튜브나 넷플릭스에서 동영상을 볼 수도 있지요. 필요한 물건을 인터넷 쇼핑으로 살 때도 스마트폰을 사용하고, 지갑을 꺼내는 대신 캐시리스(Cashless) 결제를 이용할 수도 있습니다. 하나하나 거론하다 보면 끝이 없겠네요.

하지만 스마트폰을 지나치게 오래 사용하면 뇌에 스트레스를 주므로 주의가 필요합니다. 스웨덴의 정신과 의사 안데르스 한센의 저서 『인스타 브레인』은 순식간에 세계적인 베스트셀러 자리에 올랐습니다. 밤에도 밝은 스마트폰 화면을 보면 수면장애에 걸린다든지 스마트폰 사용 시간이 2시간을 넘으면 우울증에 걸릴 위험성이 높아진다는 등의 내용이 실려 있지요. 게다가 스마트폰으로 집중해서 게임을 하거나 SNS에서 '좋아요'를 받는 행위는 뇌의 보상 회로를 자극하므로 의존에 빠지기 쉽습니다. 교육 현장에는 책상 위에 스마트폰이 있기만 해도 기억력과 집중력이 낮아진다는 실험 결과도 있습니다. 시냅스가 얼마나 살아남는가는 뇌 기능에 매우 중요한 요소입니다. 특히 발달기의 아이들에게 스마트폰을 어떻게 줄지, 어떻게 사용할지 규칙을 생각해 볼 필요도 있어 보입니다.

3 임계기의 이모저모

세 살 버릇 여든까지 간다는 말이 있는데, 뇌의 형성 과정은 세 살에 끝나지 않습니다. 앞에서 알아본 시냅스 가지치기 현상은 세 살이 넘어서도 계속되지요. 말이집 형성도 마찬가지고요. 최근 영국 킹스 칼리지 런던의 데이비드 에드워즈 연구팀을 필두로 여러 시설로부터 해석 결과를 받아 광범위한 연도의 뇌 영상 데이터를 12만 건 이상 분석해 제작된 뇌지도가 공개되었습니다. 엄마 배 속에 있는 태아의 뇌까지 초음파 사진을 분석해 만든 지도인데요. 이에 따르면 대뇌겉질의 두께는 1살일 때 최고로 두꺼워지고, **회백질과 백질의 부피는 각각 생후 6년, 20년일 때 가장 커집니다**(그림 4-8). 이 뇌지도로도 알 수 있다시피 뇌는 살면서 계속 변하는 기관입니다.

2개국어 구사의 핵심은 임계기

뉴런은 우리가 살아가는 내내 뇌에서 만들어지지만, 뇌 기능 발달에 중요한 시기도 분명 존재합니다. 바로 임계기입니다. 가령 2개국어를 완벽하게 구사하려면 아주 어린 나이부터 두 언어를 사용하는 환경에 노출되어야 합니다. 우리나라 사람들은 영어의 'L' 발음과 'R' 발음을 구분하기 어려워하는데, 청각의 임계기가 끝나기 전에 매일같이 영어를 접한다면 원어민 수준으로 영어를 알아들을 수 있게 됩니다. 이

그림 4-10 인간의 감각·인지 임계기

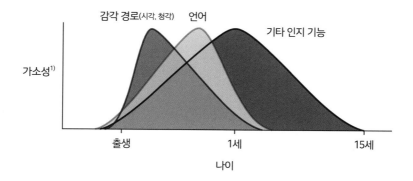

1) Plasticity: 어떤 유전자형의 발현이 특정 환경 요인을 따라 특정 방향으로 변하는 성질.-옮긴이

▶ Eric Kandel, et al., Chapter 49, *Principles of Neural Science 6th edition*(McGraw-Hill Education, 2021)에서 인용.

처럼 임계기는 자극에 대한 반응성이 높은 시기이므로 감수성기라고
도 합니다. 언어의 임계기는 일반적으로 사춘기까지 계속되지만, 최고조에
달하는 시기는 1살 전후로 추정되며 아이들은 이 시기에 말은 못 하더라도
귀에 들리는 이런저런 말을 기억할 수 있습니다(그림 4-10).

임계기에 관한 유명한 실험

임계기는 발달신경과학에서 특히 주목받는 연구 주제였습니다. 이에
관해 첫 번째로 새끼 고양이를 이용한 데이비드 허블과 토르스텐 비
셀의 고전 실험을 소개합니다.

양안시[2]인 인간과 고양이의 경우, 좌우 망막을 통해 입력되어 양쪽 시각겉질에 투사된 시각 정보가 대뇌겉질 제4층에 번갈아 나타납니다. 허블과 비셀은 새끼 고양이에게 안대를 씌워 한쪽 눈만으로 보게 했을 때 **가리지 않은 눈으로 정보를 더 많이 받아들일 수 있도록 신경 회로가 바뀌는 현상을 발견했습니다.** 이 현상을 '눈 우세(Ocular dominance)'라고 합니다. 허블과 비셀은 시각 정보 처리에 관한 연구로 1981년 노벨 생리학·의학상을 받았습니다.

이후 발달신경과학 분야에서 마우스를 이용해 시각 정보 처리 메커니즘에 관한 연구가 진행되었습니다. 마우스는 거의 양안시가 아니지만, 극히 일부 영역은 시각 정보의 입력을 두 눈으로 수용합니다. 이 양안 영역에서는 거의 모든 뉴런이 반대쪽 안구로 들어오는 입력에 우세하게 반응하고, 양쪽 안구의 입력에 반응하는 뉴런은 거의 없으며, 같은 쪽 안구로 들어오는 입력에만 반응하는 뉴런은 극히 소수라는 사실을 미국의 타카오 헨시 연구팀이 밝혔습니다. 이어서 임계기일 때 반대쪽 눈을 가리면 어떻게 되는지 알아본 실험에서는 **가린 쪽 눈으로 들어오는 입력은 감소하고, 뉴런은 대부분 양쪽 또는 같은 쪽 안구로 들어온 입력에 반응했습니다**(그림 4-11). 그리고 임계기를 지난 시기에는 눈을 가려도 반응성은 이전과 달리 바뀌지 않았습니다.

---

2) Binocular vision: 두 눈이 같은 방향을 향해 상을 관찰하는 시각. 단안시(Monocular vision)와 대비되는 개념이다.-옮긴이

그림 4-11 마우스를 이용해 시각의 임계기를 연구한 실험

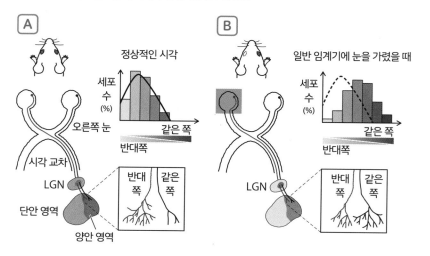

▶ Eric Kandel, et al., Chapter 49, *Principles of Neural Science 6th edition*(McGraw-Hill Education, 2021)에서 인용.

헨시는 위 메커니즘에 억제성 뉴런이 관여한다는 점을 알아냈습니다. 억제성 뉴런은 전체 뉴런 중 20%밖에 되지 않지만, 흥분성 뉴런의 기능을 미세하게 조절하는 중요한 역할을 합니다. 억제성 뉴런의 신경전달물질인 감마 아미노뷰티르산(GABA, 2장 표 2-1 참조)이 정상적인 발달 시기보다 일찍 분비되는 마우스에서는 임계기가 앞당겨졌고, 반대로 GABA 신호를 늦추면 단안시로 인해 같은 쪽 안구로 들어오는 입력에 대한 반응성이 높아지는 시기를 늦출 수 있었습니다. 위 실험 결과는 적절한 억제성 입력이 임계기 개시의 열쇠로서 중요한 역할을 한다는 사실을 시사한다고 할 수 있습니다.

4 나이를 먹어도 만들어지는 뇌세포

2장에서도 소개한 스페인의 신경해부학자 카할은 "뇌가 완성되면 뇌세포는 만들어지지 않는다. 그저 죽어갈 뿐이다"라는 말을 남겼습니다. **이 정설은 1960년대 초 조셉 알트만이 태어난 래트의 해마에서 새로 만들어진 뉴런을 발견하면서 뒤집혔습니다.** 그러나 알트만의 발견이 신경과학계에 널리 퍼지는 데는 긴 시간이 필요했습니다. '피부도 아니고 뇌세포가 새로 만들어질 리가……'라고 생각했기 때문이겠지요.

그의 발견을 다시금 되돌아보게 된 계기는 1980년대에 들어 활발해진, 명금류(Songbird)를 이용한 노래 학습 연구였습니다. 미국 록펠러대학의 페르난도 노테봄 연구팀은 계절이 바뀔 때마다 구애의 노래를 새롭게 익힌 수컷 카나리아의 뇌를 조사했고, 노래를 학습할 때 필요한 뇌의 영역에서 새로 만들어진 뉴런을 발견했습니다. 만약 '학습'이라는 고등 정신 기능과 신경발생(Neurogenesis) 현상이 연관되어 있다면 매우 흥미롭겠네요.

이후 1991년, 도쿄의과대학 명예교수 세키 다쓰노리는 래트의 해마를 대상으로 한 알트만의 연구를 재현했습니다. 실험 결과의 재현성은 과학 연구에서 무엇보다 중요하지요. 한편 미국 소크 연구소의 프레드 게이지 연구팀은 약간 늦게 줄기세포 연구 중 해마의 신경발생에 주목했고, 1999년에는 운동을 했을 때 뉴런이 더 많이 만들어지는 현상을 발견했습니다. 같은 해 프린스턴대학의 엘리자베스 굴드가 해마의 신경발생이 학습으로 향상된다는 결과를 보고하면서 신경발생 분야는 급속도로 활기를 띠게 되었습니다. 게다가 노테봄의 제자 아르투로 알바레스 부일라는 설치류의 후각망울 뉴런이 가쪽뇌실에서 만들어지는 뉴런으로부터 공급된다는 사실을 발견했습니다.

당시 신경발생은 조류나 설치류에서만 일어나는 현상이라고 비판적으로 바라보던 연구자도 있었지만, 원숭이에서도 신경발생의 증거가 발견되었으며 위에서 언급한 게이지의 연구팀과 3장에서 소개한 스웨덴의 프리센은 인간에게서도 신경발생이 나타날 가능성이 있다고 주장했습니다. 정리하자면, **나이를 먹어도 뇌세포는 만들어집니다. 그러나 나이를 먹으면 신경세포의 생성량이 감소한다는 말도 사실입니다.**

해마에서 나타나는 신경발생의 흐름

실제로 해마에서 어떻게 신경이 만들어지는지 알아볼까요(그림 4-12)?

해마에서 새 신경세포를 만드는 신경줄기세포는 뉴런이 꽉 들어찬 과립세포층의 아래(과립세포층하부)에 있습니다. 해마의 신경줄기세포도 돌기를 길게 뻗은 방사형 아교세포와 성질이 같습니다. 비대칭성 분열로 만들어진 뉴런은 과립세포층에 모여 성숙해지면서 신경회로를 구축합니다. 설치류에서는 이 과정이 약 4~6주 동안 일어나는 것으로 추정됩니다.

그림 4-12 설치류의 해마에서 나타나는 신경발생

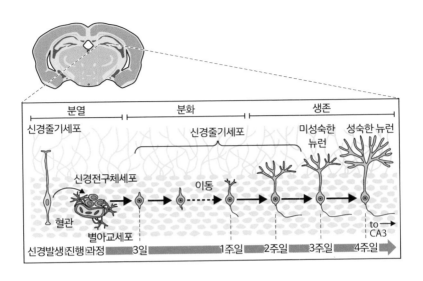

     새롭게 만들어진 뉴런은 단기 기억이 해마에 정착하는 데 중요한 역할을 합니다. 약물을 투여하거나 유전자를 조작하는 등 인위적으로 신경발생을 유도하면 기억학습능력이 낮아집니다. 그뿐만 아니라 우울증·외상후스트레스장애(PTSD) 발생과 연관되어 있을 가능성도 제기되었습니다. 반대로 쳇바퀴나 장난감이 많은 사육 환경에서 자란 마우스의 뇌에서는 신경발생이 활발하게 일어난다는 결과가 계속 보고되고 있습니다. 살아 있는 인간의 뇌에서 비침습적으로 신경발생을 측정할 수 있다면 뇌와 마음의 질병을 치료할 때 위와 같은 작용을 응용할 수 있을지도 모릅니다.

5 뇌 발생·발달의 이상과 신경 발달 장애

앞에서 배웠다시피 뇌의 발생과 발달은 지극히 복잡하고 정교한 과정입니다. 도중에 한두 군데씩 문제가 생겨도 이상하지 않을 정도로요. 이러한 신경의 발생·발달 과정에서 생기는 문제인 신경 발달 장애(Neurodevelopmental disorders)로는 지적 장애(ID), 자폐 스펙트럼 장애(ASD), 주의력 결핍 과잉행동 장애(ADHD) 등이 있습니다.

이러한 정신질환, 그러니까 마음의 병은 증상이 겉으로 드러나지 않아 주위에서 눈치채지 못할 때도 있고, 자폐 스펙트럼 장애나 주의력 결핍 과잉행동 장애는 장애가 아니라 '개성'으로 받아들여야 한다고 생각하는 사람도 있습니다. 그러나 지적 장애나 지적 장애를 동반한 자폐 스펙트럼 장애가 있는 아이들이 학교에 입학할 때 어려움을 겪는가 하면, 주의력 결핍 과잉행동 장애 학생이 수업에 집중하지 못해서 성적을 잘 받지 못하는 등 당사자로서 고민을 안고 있는 경우도 많습니다.

문제 **뇌 발달 과정에서 나타나는 자폐 스펙트럼 장애의 특징은?**

신경 발달 장애 중 자폐 스펙트럼 장애가 뇌의 발생·발달 과정에서 어떤 특징을 보이는지 알아보겠습니다.

1943년 미국의 소아청소년과 의사 레오 캐너가 최초로 보고한 자폐 스펙트럼 장애는 어린아이에게서 드물게 나타나는 정신질환 증례로, 현재 미국에서는 서른여섯 명 중 한 명의 빈도로 나타납니다. 미국 정신의학협회에서 발표한 DSM-5(정신질환과 통계 편람 제5판)에 따른 자폐 스펙트럼 장애의 진단 기준은 "① 사회적·언어적 의사소통의 결함", "② 집착과 상동성[3]"이 아동기부터 확인되어야 한다는 내용이 핵심입니다. 다만, 자폐 스펙트럼 장애 환자 중에는 두 증상 외에도 감각의 민감 혹은 둔화, 가벼운 운동장애, 수면장애, 간질, 소화기 증상 등이 함께 나타나는 사람도 많습니다. 그리고 **사람마다 자폐 스펙트럼 장애와 함께 나타나는 증상이 다릅니다.** 자폐 스펙트럼 장애의 진단 기준은 혈압처럼 측정해 수치로 나타낼 수 있는 항목이 적고 객관성이 부족하다는 특성 때문에 여전히 증세와 원인을 분석하기 어렵다는 특징이 있습니다.

그렇다면 자폐 스펙트럼 장애가 생기는 원인은 무엇일까요?

• 유전체 측면에서 본 자폐 스펙트럼 장애

자폐 스펙트럼 장애에 유전적 요인이 작용한다는 사실은 오래전부터 확인되었습니다. 쌍둥이를 대상으로 유전자 일치율을 조사했을 때, 일

---

3) 기능적 목적 없이 특정 행동이나 소리를 반복하는 특성.-옮긴이

그림 4-13 시몬스 재단의 자폐 스펙트럼 장애 관련 유전자 데이터베이스

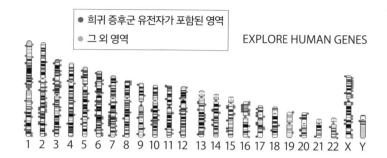

희귀 증후군 유전자가 포함된 영역과 그 외 영역이 유전체에 전체적으로 퍼져 있으며, 등록되는 유전자 수가 매년 늘고 있다.

▶ SFARI GENE(https://gene.sfari.org) 데이터베이스(2018년 4월)에서 인용.

란성 쌍둥이 중 한 명에게 자폐 스펙트럼 장애가 있을 때 다른 한 명도 같은 장애를 보이는 경우가 36~90%나 될 정도로 높았지만 이란성 쌍둥이의 경우 0~38%로 집계되었기 때문입니다. 그리고 2005년에는 모든 유전체를 해석할 수 있게 되면서 자폐 스펙트럼 장애의 원인인 유전자를 탐색하는 연구가 활발해졌습니다.

현재 자폐 스펙트럼 장애에 관여한다고 추정되는 유전자는 미국 시몬스 재단의 자폐 스펙트럼 장애 유전자 변이 데이터베이스(SFARI)에 1,000개 이상 등록되어 있습니다(그림 4-13). 그러나 자폐 스펙트럼 장애와 유전자가 일대일로 대응하는 경우는 많지 않습니다.

유전자 변이와 질환이 일대일로 대응하는 예시로 선천적 질환인 폐

닐케톤뇨증을 들 수 있습니다. 지적 장애와 색소 이상을 유발하는 난치병으로, 단백질에 포함된 페닐알라닌이라는 필수 아미노산을 타이로신이라는 다른 아미노산으로 바꾸는 효소의 작용이 약해져서 페닐알라닌이 축적되면 발병합니다. 페닐케톤뇨증 환자의 몸에 페닐알라닌 전환 효소를 규정하는 유전자에 변이가 생겨 일어나는 질환입니다.

그러나 **자폐 스펙트럼 장애는 암이나 대사증후군처럼 여러 유전자가 관여하는 질환입니다.** 유전자 하나하나의 영향은 비교적 적지만, 이 유전자들이 서로 관계되어 있을 가능성도 있습니다. 질환과의 연관성이 뚜렷한 단일 유전자로 취약 X 증후군(Fragile X syndrome, FXS)◆3의 *FMR1*, 레트 증후군(Rett syndrome)◆3의 *MECP2* 등이 있습니다.

그 밖에 변이의 영향이 약한 유전자도 많은데, 최초로 주목받은 유전자는 시냅스 형성에 관여하는 인자를 코딩하는 *SHANK*(섕크)와 *NLGN*(뉴로긴) 등입니다. 이 인자들은 시냅스 전막과 후막에 모여 시냅스 형성을 강화하므로 만약 작동하지 못한다면 시냅스 형성에 문제가 생기고, 신경 전달에도 모종의 이상이 생깁니다. 실제로 위와 같은 유전자가 결핍된 마우스를 만들어 행동 패턴을 연구한 결과, **시냅스의 기능 이상과 자폐 스펙트럼 장애에서 관찰되는 이상 행동이 나타났습니다.**

이후 더 포괄적인 유전체 해석을 통해 시냅스 형성이나 이온 채널처럼 뉴런에서 작용하는 요소 이외의 인자가 다수 발견되었습니다. 개중에는 유전자 발현에 관여하는 인자도 있고, RNA 가공(mRNA의 수

송과 번역 등)에 관여하는 인자도 있었습니다. 예를 들어, CHD8이라는 염색질 재구성 인자는 현재 자폐 스펙트럼 장애 발병에 관여할 가능성이 가장 큰 인자입니다. 그 밖에도 제가 연구하고 있는 PAX6 역시 SFARI 데이터베이스에 증후군(Syndromic)[4]으로 분류되어 등재되어 있습니다.

• 뇌 측면에서 본 자폐 스펙트럼 장애

뇌 영상을 해석해서 자폐 스펙트럼 장애와 관련된 뇌 영역이 어디인지 탐색하는 연구가 활발해졌습니다. 그러나 연구에 참여한 피험자 중 지적 장애를 동반하지 않는 자폐 스펙트럼 장애 환자가 중심이 될 수밖에 없다는 점은 염두에 두어야 합니다. 2008년 발표된 메타분석 논문은 1984년부터 2006년까지 738건의 논문에 보고된 800명 이상의 뇌 영상 데이터를 다루었습니다. 이를 분석한 결과, **자폐 스펙트럼 장애가 있는 사람의 뇌에서 대뇌반구, 소뇌, 꼬리핵의 용적은 증가하고 뇌들보는 축소되었다는 결론**을 얻을 수 있었습니다. 뇌 용적이 커진 이유로 시냅스 가지치기가 제대로 되지 않았기 때문일 가능성이 동물 모델을 통해 제기되었고, 이 때문에 신경 전달의 효율이 낮아진 것으로 보입니다. 줄무늬체 배쪽에 위치하는 꼬리핵은 편도체로부터 신경이

---

4) 증후군은 여러 증상이 동시에 나타나는 상태를 가리킵니다. 가령 취약 X 증후군에서는 발달지연, 지적 장애, 자폐 스펙트럼 장애 등 정신질환 증상과 함께 큰 귀와 긴 얼굴 같은 외형적 특징이 나타납니다.

투사되는 영역으로, 감정회로의 활동 과잉이 사회성 저하와 연결되어 있을지도 모릅니다. 한편 다른 연구에서는 뇌줄기의 이상이 자폐 스펙트럼 장애와 관련되어 있다는 보고도 있습니다. 자폐 스펙트럼 장애에 동반되는 합병증이 많은 만큼 관련된 뇌 부위도 다양하리라는 점은 상상하기 어렵지 않습니다. 더불어 자폐 스펙트럼 장애가 있다고 반드시 대뇌반구가 큰 것은 아니므로 상세한 메커니즘을 연구할 필요가 있습니다.

최근에는 fMRI를 이용한 연구도 진행 중입니다. fMRI는 어떤 일을 할 때 활동하는 뇌 영역을 밝힐 목적으로 쓰이던 장치였으나 안정된 상태의 fMRI와 비교하는 새로운 해석법이 도입되었습니다. 동시에 활동하는 여러 뇌 영역 사이에 '기능 결합'이 있다는 가정을 전제로 한 기법인데요. 자폐 스펙트럼 장애가 있는 사람과 없는 사람을 비교했을 때(이때도 역시 자폐 스펙트럼 장애가 있는 피험자는 IQ가 높은 사람으로 한정된다는 점에 주의해야 합니다), **자폐 스펙트럼 장애가 있으면 장거리 결합이 약하고, 국소적 결합이 강할 가능성이 제기되었습니다**(그림 4-14). 얼핏 보면 신경 전달이 원활하지 않다는 점과 모순된 듯이 느껴질 수도 있지만, 자폐 스펙트럼 장애가 있는 사람 중 일부가 시각 기억에 강하지만 복수의 감각 입력을 통합해야 하는 언어 습득과 장거리 신경 투사가 필요한 발화 기능에 어려움을 겪는 이유를 설명할 때는 유리할지도 모릅니다.

그림 4-14 자폐 스펙트럼 장애가 있는 사람의 뇌에서 일어나는 기능 결합

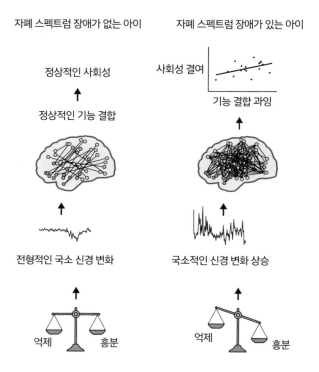

자폐 스펙트럼 장애가 있는 사람의 뇌에서는 장거리 기능 결합이 감소하고 근거리 기능 결합이 과잉된다. 억제성 뉴런보다 흥분성 뉴런이 과도하게 활동하기 때문으로 보인다.

▶ Supekar K., et al., "Brain hyperconnectivity in children with autism and its links to social deficits", *Cell Rep, 5*(3), pp. 738-747, 2013에서 인용.

각설하고, 자폐 스펙트럼 장애를 진단하기 위해 fMRI를 이용하려면 여러 시설에서 재현성 높은 데이터가 모여야 하며 시간 또한 필요합니다.

6 뇌의 노화와 정신질환

노화와 함께 일어나는 뇌의 변화

노화는 뇌에 어떤 영향을 미칠까요?

나이를 먹으면서 뇌는 서서히 위축됩니다. 그림 4-8을 보면 40살 이후 뇌실이 급격히 확대됩니다. 해마가 위축된 뇌의 영상이나 동물 실험 데이터에서도 나이를 먹으면 새로 만들어지는 뉴런 수가 줄었습니다. 해마에서 만들어지는 뉴런이 줄면 단기 기억이 잘 정착되지 않습니다. 이는 이른바 치매의 초기증상으로, 지갑을 어디에 두었는지 잊어버리거나 방금 들은 말을 잊어버리고 다시 물어보는 것도 이 때문입니다.

그리고 뇌가 노화하면 노인성 반점, 즉 검버섯이 뇌에 생깁니다(그림 4-15). **뇌는 대부분의 영역이 태어나기 전에 만들어진 뉴런을 평생에 걸쳐 사용하므로, 세포 안팎의 '청소 기능'이 서서히 쇠약해집니다.** 그 결과 아밀로이드 베타 같은 노폐물이 쌓여 노인성 반점으로 나타납니다. 그밖에도 노화한 뇌에서는 신경섬유 매듭이라는 병리소견이 나타나는데, 이는 타우 단백질이 축적되어 생기는 현상입니다(그림 4-15). **알츠하이머병으로 사망한 사람의 뇌를 검사해 보니 노인성 반점과 신경섬유 매듭이 두드러지게 많았습니다.** 알츠하이머병에 걸리면 초기증상으로 건망증이 나타나고 병이 진행되면서 시공간 인지를 비롯한 인지 기능이

그림 4-15 노인성 반점과 신경섬유 매듭

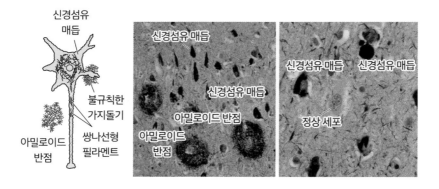

▶ Eric Kandel, et al., Chapter 64, *Principles of Neural Science 6th edition*(McGraw-Hill Education, 2021)에서 발췌.

저하됩니다. 증상이 더 나빠지면 말을 할 수 없게 될 뿐만 아니라 눈에 띄게 주위에 무관심해지다가 이윽고 생활 양식의 밤낮이 뒤바뀌고 정처 없이 돌아다니게 됩니다.

알츠하이머병의 바이오마커 탐색

알츠하이머병에 걸린 사람의 뇌에서는 아밀로이드 베타의 축적이 특징적으로 나타나므로 아밀로이드 베타는 병세를 반영하는 지표, 즉 바이오마커(Biomarker)의 후보로 여겨졌습니다. 살아 있는 환자의 몸에서 아밀로이드 베타를 검출하려면 양전자 방출 단층 촬영(PET)◆4으로 검사하거나 뇌척수액 검사◆5를 해야 하는데, PET는 비용이 비싸고 장비를 갖춘 시설이 적으며 뇌척수액을 채취하려면 몸에 바늘을 찔러야 해서 환자의 부담이 크다는 문제가 있습니다.

따라서 혈액 검사로 간편하게 알츠하이머를 판정할 수 있는 바이오마커를 탐색하고, 다른 분석 수단을 개발하려는 시도가 중요해졌습니다. 2002년 노벨화학상 수상자이자 정밀기기 제조 회사 시마즈 제작소의 연구소장인 다나카 고이치는 일본 국립장수의료연구센터와 함께 미량의 혈액으로 알츠하이머 증상을 진단하는 방법을 개발하고 있습니다. 알츠하이머병에 걸린 사람의 혈장에는 새어 나온 아밀로이드 베타가 존재하므로 이를 바이오마커 삼아 검출하면 병의 진행도를 추정할 수 있습니다. 혈장 0.5ml만 있으면 여러 종류의 아밀로이드 베타를 식별하는 동시에 높은 감도로 검출할 수 있기에 실용화가 기대되는 진단법입니다.

문제 알츠하이머병은 완치될 수 있을까?

현재 근본적인 치료법은 없지만, 만약 아밀로이드 베타의 축적이 알츠하이머병의 원인이라면 축적되지 않도록 막으면 되겠군요. 이를 위해 아밀로이드 베타를 표적으로 삼는 항체를 만들어 치료제로 개발하는 연구가 진행 중입니다. 그러나 아밀로이드 베타의 축적이 알츠하이머병의 원인이 아닌 결과일 가능성도 있습니다. 게다가 아밀로이드

그림 4-16 아밀로이드 베타와 타우 단백질의 축적과 알츠하이머병의 진행

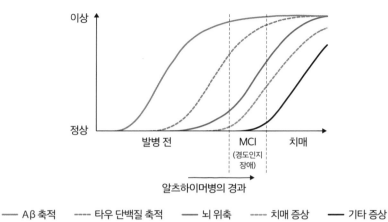

▶ Jack C.R. Jr., et al., "Hypothetical model of dynamic biomarkers of the Alzheimer's pathological cascade", *Lancet Neurol, 9*(1), pp. 119-128, 2010
을 토대로 작성.

베타가 검출되었을 때 치료를 시작하더라도 적기를 놓친 뒤일지도 모릅니다. 그리고 아밀로이드 베타보다 타우 단백질이 증상과의 연관성이 높으므로 타우를 바이오마커 후보로 주목해야 한다는 연구자도 있습니다(그림 4-16). 고령화가 진행 중인 현대 사회에서 알츠하이머병의 극복은 우리 사회가 마주해야 하는 거대한 도전이므로 뇌과학 연구의 발전은 매우 중요합니다.

파킨슨병이란?

파킨슨병도 중년 이후 연령대에서 주로 발병하며 나이가 들수록 발병

률이 높은 뇌 질환입니다. 손 떨림과 어색한 동작, 걸음걸이 등 운동 장애가 나타나며 서서히 증상이 악화됩니다. 이러한 퇴행성 신경질환은 중뇌의 흑색질이라는 영역에서 뉴런이 이탈하고, 반대로 루이소체(Lewy body)라는 응집체가 관찰되는 것이 특징입니다. 루이소체의 본체는 알파 시누클레인(α-Synuclein)이라는 단백질로, 아밀로이드 베타와 마찬가지로 응집체를 형성합니다. 이로 인해 파킨슨병에 걸리면 중뇌 흑색질의 도파민 방출 뉴런이 이탈해 감소함으로써 도파민을 거치는 신경 회로 기능이 망가지고 움직임도 어색해집니다. 이때 **도파민 전구물질인 L-도파를 다량 투여하면 증상은 완화됩니다.** 반대로 파킨슨병에서는 상대적으로 아세틸콜린이 과잉 분비되므로 항콜린제를 치료제로 활용할 때도 있습니다. 그러나 둘 다 대증요법일 뿐 도파민 뉴런의 이탈을 막는 근본적인 치료법은 아닙니다. 그래서 iPS 세포를 이용해 도파민 생성 뉴런을 이식하는 기술이 시험 중에 있습니다. 앞으로 얼마나 발전할지 기대되는 분야입니다.

• 점차 규명되는 병의 원인

최근 도호쿠대학의 후쿠나가 고지 명예교수 연구팀은 알파 시누클레인의 흡수에 관여하는 분자를 밝혀냈습니다. 지방산 결합 단백질로 알려진 FABP3가 신경전달물질인 도파민의 수용체에 결합하는 현상을 발견한 것이지요. 실제로 파킨슨병 환자의 뇌척수액에서는 FABP3

가 많이 검출됩니다. 그리고 도호쿠대학의 오와다 유지 교수가 제작한 FABP3 녹아웃 마우스에서는 알파 시누클레인이 뉴런으로 흡수되지 않아 응집체가 형성되지 않았습니다. 즉, **알파 시누클레인이 응집되어 루이소체를 형성하려면 FABP3가 필요합니다.** 따라서 FABP3의 양을 낮추면 파킨슨병의 발병을 예방하고 치료에 응용할 수 있을지도 모릅니다. 후쿠나가 고지 연구팀은 FABP3의 저해제를 만들어, 루이소체가 형성되는 마우스 모델에 투여했을 때 루이소체 형성이 감소하고 뉴런의 이탈이 억제되며 마우스 모델의 인지와 운동 기능이 개선되는 결과를 확인했습니다. 새로운 표적에도 주목할 가치가 있음을 증명한 실험이라고 할 수 있습니다.

⑪ 술과 뇌

왜 술을 마시면 취할까요? 사실 알코올이 뉴런에 어떤 작용을 해서 취기를 일으키는지 자세히 알려진 바는 없습니다. 하지만 물에도 기름에도 섞일 수 있는 알코올은 뇌로 유입되는 물질을 제한하는 혈액뇌장벽을 쉽게 통과할 수 있으므로 마취제와 유사한 작용을 한다고 추정됩니다. 대부분 뇌의 억제 작용을 해제하면서 몸을 이완시키는데, 적절한 음주가 순환기 질환의 위험성을 어느 정도 낮춘다는 역학 연구 결과가 있습니다. "술은 모든 약 중 으뜸"은 이와 같은 알코올의 긍정적인 면을 비추는 말이라고 할 수 있습니다.

하지만 과도한 알코올 섭취는 뇌를 위축시킵니다. 알코올 섭취량과 뇌 위축이 양의 상관관계임이 뇌 영상 연구로 증명되었습니다. 그리고 과거에 5년 이상의 알코올 남용 또는 과한 음주 경험이 있는 고령 남성은 그렇지 않은 남성보다 치매 발병 위험도가 4.6배, 우울증 발병 위험도가 3.7배 높다는 보고가 있을 만큼 과한 음주는 치매 발병의 위험성을 높입니다.

◆1 **큰포식세포:** 큰포식세포는 백혈구의 일종으로 죽은 세포와 그 세포의 파편, 침입한 세균 등 이물질을 포식·소화(탐식)하는 청소 세포로 활약합니다. 대부분 말초 큰포식세포처럼 혈관을 순환하지만, 일부는 뇌에 침입해 미세아교세포(조직에 상주하는 큰포식세포)가 됩니다.

◆2 **난황주머니:** 난황주머니는 파충류와 조류의 경우 난황을 감싸는 막의 형태로 난황의 영양을 배아에 공급하는 조직이지만, 태반을 통해 모체에서 태아로 영양을 공급하는 인간에서는 퇴화한 기관입니다. 그러나 난황주머니 막 안에 배아가 들어 있는 쥐처럼 같은 포유류라도 저마다 다릅니다. 난황주머니에서 혈관이 발달하는 과정 도중 혈구 세포와 면역 세포가 파생됩니다.

◆3 **취약 X 증후군, 레트 증후군:** 취약 X 증후군 환자는 큰 귀와 긴 얼굴 등 특징적인 생김새와 함께 지적 장애, 자폐 성향을 비롯한 행동 이상을 보입니다. 취약 X 증후군은 염색체 검사로 X 염색체의 끝부분이 취약하다는 특징이 발견되어 붙은 이름입니다. 원인 유전자인 *FMR1*은 RNA 결합 단백질을 규정하며 mRNA 수송과 번역의 제어에도 관여합니다. 레트 증후군은 발견자인 안드레아스 레트의 이름을 딴 정신질환으로, 외부에 대한 반응의 결여와 근육 긴장 저하가 유아기 초기에 나타나며 병이 진행되면 팔을 펄럭이는 상동 행동과 함께 지적 장애, 간질 등을 보이기도 합니다. 레트 증후군의 원인 유전자는 DNA 메틸화에 관여하는 *MECP2*입니다. 두

질환 모두 현재로서는 대증요법 이외의 치료법이 없습니다.

◆4 **양전자 방출 단층 촬영(PET) 검사:** 양전자 방출 단층 촬영(PET)은 임상핵의학 분야의 진단법으로 확립된 기술입니다. 양전자(Positron)를 방출하는 방사성 동위원소가 표지된 약물을 투여했을 때 관찰되는 분포를 촬영한 단층 사진으로 뇌·심장 질환, 암 등을 검사·진단하는 검사입니다. 양전자는 수명이 짧아서 피폭도 적고 몸에 주는 부담을 최소한으로 줄일 수 있지만, 촬영하려면 특수한 장비가 필요합니다.

◆5 **뇌척수액 검사:** 뇌척수액 검사는 뇌척수액을 채취해 분석하는 검사입니다. 척추에 바늘을 찔러 척수강에서 채취한 뇌척수액 5~10cc로 그 안에 들어 있는 단백질과 당의 종류·양을 측정합니다.

참고문헌

- 노지리 에이이치 외 엮고 지음, 『〈自閉症学〉のすすめ—オーティズム・スタディーズの時代(자폐증 학의 권장: 자폐증 연구의 시대)』(미네르바쇼보, 2019)

- 쓰가와 유스케 지음, 『HEALTH RULES—病気のリスクを劇的に下げる健康習慣(HEALTH RULES: 질병의 위험성을 극적으로 낮추는 건강 습관)』(슈에이샤, 2022)

- 안데르스 한센 지음, 김아영 옮김, 『인스타 브레인』(동양북스, 2020)

- 오스미 노리코 지음, 『脳からみた自閉症—「障害」と「個性」のあいだ(뇌의 관점으로 바라본 자폐증: 장애 와 개성 사이)』(고단샤, 2016)

- Eric Kandel, et al., *Principles of Neural Science 6th edition*(McGraw-Hill Education, 2021)

- 나카이 노부히로·다쿠미 도루, 「自閉症の分子メカニズム(자폐증의 분자 메커니즘)」, *生化学, 90*(4), pp. 462-477, 2018, doi:10.14952/SEIKAGAKU.2018.900462.

- Bethlehem R.A.I., et al., "Brain charts for the human lifespan", *Nature, 604*(7906), pp. 525-533, 2022, doi:10.1038/s41586-022-04554-y.

- 대규모 뇌 사진 데이터베이스 BRAIN CHART https://brainchart.shinyapps.io/brainchart/ (2023년 6월 열람)

- 미국 시몬스 재단 ASD 유전체 변이 데이터베이스(SFARI GENE) https://gene.sfari.org/(2023년 6월 열람)

- NEWSPICKS: 【문제】왜 스마트폰이 있으면 뇌는 집중하지 못하는가(하나야 요시에) https:// newspicks.com/news/5556584/body/(2023년 6월 열람)

제 5 장

오늘날의
뇌과학 연구

1 빛으로 조작하는 신경회로

유전학(Genetics)은 생물의 유전 현상을 연구하는 학술 분야입니다. 오늘날 신경과학에 새로운 빛을 가져왔다고 할 수 있는 광유전학(Optogenetics)은 어떤 학문일까요?

저는 '광유전학'이라는 용어를 처음 들었을 때 위화감이 들었습니다. 왜냐하면, 광유전학은 유전 현상 자체를 연구하는 학문이라기보다 '빛으로 세포를 조작하는 기술'을 지칭하는 말이기 때문이지요.

영어 감각이 어느 정도 필요한데, 가령 분자생물학(Molecular biology)은 분자 수준에서 생명 현상을 이해하는 생물학이라는 의미뿐만 아니라 분자를 조작하는 기술이라는 의미로도 쓰입니다. 광유전학도 마찬가지로 유전학적 해석 방법이라는 원래 의미에 덧붙여 **유전자를 조작한 세포와 동물을 이용하는 기술을 나타내는 용어로 쓰입니다.**

우리의 정교한 뇌와 신경은 바깥 상황을 인지해서 적절한 반응을 보일 뿐만 아니라 무의식 수준에서 생리 상태를 유지하고 복잡한 정신 작용이 이루어지는 기반을 마련합니다. 신경해부학에서는 이러한 뇌와 신경의 기능을 이해하기 위해 특정 신경 회로를 시각화하고자 했습니다. 그리고 신경생리학에서는 신경세포에 전극을 꽂거나 신경 기능을 없애는 약물을 뇌 또는 척수에 국소적으로 투여함으로써 국소 신경 기능의 필요조건을 입증해왔습니다.

그러나 뇌와 신경계에는 다양한 신경세포로 구축된 복잡한 신경회로가 존재합니다. 그 때문에 각 신경 활동의 변화와 뇌·신경 기능과 개체의 행동 변화 사이에 어떤 관계가 있는지 이해하기란 지극히 어려웠습니다. 전기생리학적 방법은 신속하게 조작할 수 있지만, 대상이 한정적입니다. 약물의 국소 투여는 효과가 나타나기까지 시간이 필요하다는 단점이 있습니다. 이러한 배경 속에서 원하는 대로 정확하게 신경 기능을 조작하는 기술의 필요성을 느낀 연구자가 있었습니다.

빛으로 신경세포를 조작하는 기술

영국 옥스퍼드대학의 게로 미센보크는 유전자 조작으로 특정 신경세포에 발현시킨 막단백질의 활성을 빛으로 제어하면 개체 수준에서 일어나는 신경세포의 활동을 밝힐 수 있으리라고 생각했고, 파리의 시각세포에 작용하는 로돕신을 코딩하는 세 유전자를 정해서 래트의 해마에서 유래한 뉴런에 도입해 **빛으로 전기 활동을 제어할 수 있음을 입증했습니다**. 2002년에 진행된 미센보크의 실험은 광유전학의 시초가 되었습니다. 미센보크는 2005년, **수컷 파리의 구애 행동을 제어하는 신경 네트워크를 밝히는 데 성공했습니다**. 파리의 뉴런에 ATP를 투여했을 때 ATP에 의해 활성화되는 이온 채널이 신경 활동을 자극하는 현상을 활용해 빛 자극으로 ATP를 해리하는 방법과 조합한 것이지요. 그러나 미센보크의 기술은 매우 복잡한 탓에 효율은 높지 않았습니다.

뇌 연구에 필수가 된 광유전학

미국 스탠퍼드대학의 교수이자 정신과 의사인 칼 다이서로스 역시 인간의 정신과 마음을 이해하기 위해서는 반드시 새로운 신경과학 기술을 개발해야 한다고 생각했습니다. 미셴보크의 성공을 보고 더 세련된 방법을 개발하고자 했던 다이서로스는 녹조류의 채널로돕신(ChR2)◆¹이라는 분자에 주목했습니다. 막단백질인 채널로돕신은 빛 자극에 반응해 뉴런을 활성화하는 성질이 있습니다. 이를 활용해 ChR2의 유전자를 바이러스 벡터에 집어넣고 뇌의 특정 영역으로 가도록 도입한 다음 ChR2 단백질을 움직입니다. 그리고 LED를 비추어주면 **뇌의 특정 신경세포를 타겟 삼아 ms(밀리초) 단위로 신경 활동을 유도할 수 있게 됩니다**(그림 5-1).

현재 가장 널리 쓰이는 광유전학적 소재는 뉴런을 활성화하는 ChR2와 VChR1, 뉴런의 활성을 억제하는 NpHR이라는 광 제어 단백질입니다(그림 5-1, 5-2). 정밀한 기술 덕에 특정 신경세포의 신경 활동을 원하는 타이밍에 원하는 위치에서 조작하고, 신경세포의 활동과 특정 행동의 인과 관계를 살아 있는 동물로 입증할 수 있게 되었습니다. 그러니까 **광유전학은 특정 신경세포 기능의 필요조건과 충분조건을 확인하는 혁명적인 기술이지요.** 이제 신경과학 분야에서는 광유전학으로 검증을 거치지 않고서는 신경 기능을 논할 수 없는 시대가 되었습니다.

그림 5-1 광유전학을 이용한 뉴런 조작

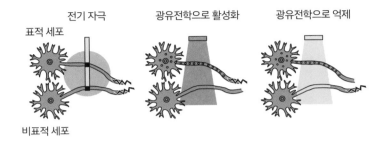

왼쪽) 전기 자극으로는 표적 세포가 아닌 세포에도 자극을 줄 수 있다.
가운데) 광유전학을 이용하면 빛으로 조작하는 분자를 도입한 뉴런만 활성화한다.
오른쪽) 광유전학을 이용하면 억제성 분자를 도입한 뉴런에서 활성이 억제된다.

▶ Deisseroth K., "Optogenetics". *Nat Methods*, *8*(1), pp. 26–29, 2011에서 인용.

그림 5-2 광유전학에 쓰이는 방법

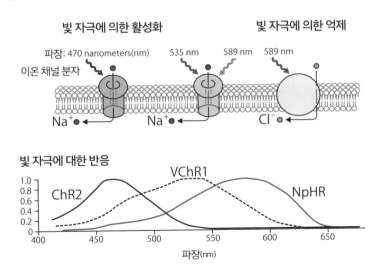

▶ Deisseroth K., "Controlling the brain with light", *Sci Am*, *303*(5), pp. 48–55, 2010에서 인용.

광유전학에 이르는 길

고전역학을 완성한 영국의 아이작 뉴턴은 "내가 더 멀리 보았다면 거인의 어깨 위에 서 있기 때문"이라는 말을 남겼습니다. 그리스 신화에 등장하는 눈먼 거인 오리온과 그의 어깨에 올라탄 노예 난쟁이의 이야기에서 유래한 말인데, 이를 최초로 인용한 사람은 17세기의 인물인 뉴턴이 아니라 12세기 프랑스의 철학자 베르나르라고 합니다. 여하튼 **광유전학을 신경과학자들이 활용하기 쉬운 형태로 완성해 널리 퍼뜨린 사람은 다이서로스지만 그가 처음부터 끝까지 개발하지는 않았습니다.**

독일 막스 플랑크 생화학연구소의 디터 오스터헬트는 지금으로부터 반세기 전인 1971년, 빛에 의한 수소 이온 펌프 활성을 보이는 박테리오로돕신이라는 단백질을 발견했습니다. 한편 독일 훔볼트대학의 페터 헤게만은 1984년 이온 채널형 광활성화 단백질인 채널로돕신(ChR2)을 발견했습니다. 이 분자를 개량한 다이서로스는 배양한 해마 뉴런에서 채널로돕신을 발현시켜 빛에 반응하는 시스템을 2005년에 개발했으며, 2009년에는 래트의 행동을 빛으로 제어하는 데 성공했습니다. 한편 당시 도호쿠대학에 재직 중이던 야오 히로무는 2006년에 살아 있는 마우스의 해마 신경세포에서 ChR2를 발현시킴으로써 빛의 강도에 반응해 활동 전위를 유도할 수 있음을 증명했습니다.

'광유전학 하면 다이서로스'라고 모두가 인정하게 된 이유는 **그가 광유전학이라는 입에 착 달라붙는 용어를 사용했기 때문입니다.** 사실 1990

년대에 이미 '화학유전학(Chemogenetics)'이라는 용어가 존재했습니다. 화학유전학이란 유전자 조작으로 특정 뉴런에 특정 화학물질이 작용할 때 스위치처럼 작동하는 인공 수용체의 유전자를 도입하는 기술입니다. 이처럼 유전학 앞에 특징을 나타내는 말을 붙인 합성어가 이미 존재했기 때문에 광유전학도 사람들의 머릿속에 자연스레 녹아들 수 있었습니다. 화학유전학은 오늘날 인공적인 수용체와 작용제(Agonist)의 조합을 이용한 DREADD[1]로 눈에 띄게 발전한 기술이기도 합니다.

중요한 내용이니 다시 한번 말하자면, 현대 신경과학 연구에서 광유전학은 거의 필수 기술로 자리 잡았습니다. 광유전학을 응용해서 **살아 있는 동물의 신경 활동을 조작할 수 있게 되었고, 기억·학습, 불안·공포, 보상·쾌락 등의 메커니즘이 설치류 모델을 통해 차례차례 밝혀졌습니다.** 다이서로스 본인은 정신과 의사였으며, 처음부터 우울증, 불안장애, 조현병 등의 정신질환을 이해하기 위해 이와 관련된 뇌의 신경 회로를 해명하고 싶다는 바람을 마음속에 품고 있던 인물이었습니다. 광유전학 덕에 신약 개발을 위해 중추신경 작용 약물의 표적을 탐색할 때 새로운 관점으로 접근할 수 있게 되었습니다. 한편 도호쿠대학 연구과의 가타기리 히데키 연구팀은 당뇨병 마우스 모델을 통해 광유

1) Designer Receptors Exclusively Activated by Designer Drugs: 특정 약물에 의해 활성화되도록 설계된 수용체.-옮긴이

전학으로 미주신경을 활성화해서 당뇨병을 치료할 수 있을지 검토하고 있습니다. 그 밖에도 광유전학은 신경세포의 전기 활동뿐만 아니라 다른 세포의 유전자 발현과 세포 내 신호까지 인위적으로 제어할 수 있는 만큼, 이를 응용한 기술은 의학과 생명과학 연구에 널리 퍼지고 있습니다.

위와 같은 역사의 발자취를 따라온 끝에, 2023년 일본국제상[2]은 미센보크와 다이서로스에게 돌아갔습니다. 유전자를 조작할 수 있는 감광성 막단백질을 이용해서 신경 회로의 기능을 규명하는 기술을 개발한 공로를 인정받았기 때문입니다. 다이서로스는 수많은 과학상을 받은 전적이 있지만, 미센보크와의 공동 수상은 이번이 처음입니다.

2 뇌의 주름은 어떻게 만들어질까?

애초에 뇌에는 왜 주름이 있을까?

인간의 뇌에는 주름이 매우 많습니다. **이 주름은 큰 뇌를 정해진 용적의 머리덮개에 수용하는 데 필요한 구조입니다.** 인간의 대뇌겉질을 펼치면 $1,600 \sim 2,000 cm^2$인데, 이는 **머리뼈 안쪽 표면적의 약 3배입니다.** 게다가

---

2) Japan Prize: 독창적이고 뛰어난 성과로 과학 기술의 발전에 크게 이바지한 과학자에게 주어지는 상.-옮긴이

그림 5-3 종마다 다른 동물의 뇌 주름

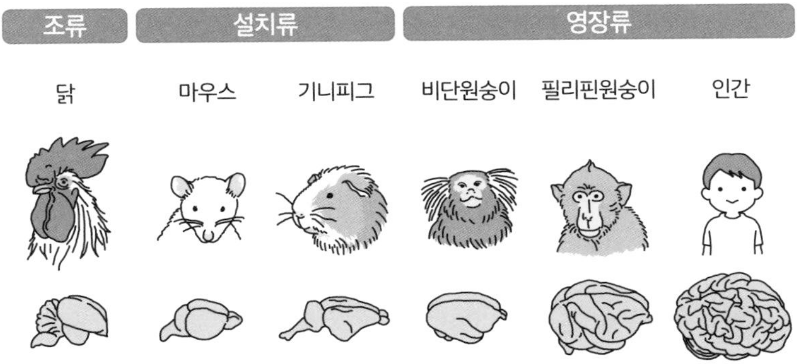

조류	설치류		영장류		
닭	마우스	기니피그	비단원숭이	필리핀원숭이	인간

제1장에서 설명했듯이 대뇌의 주름은 아무렇게나 만들어진 구조가 아닙니다. 그렇다면 뇌의 주름은 대체 어떻게 만들어졌을까요?

마우스의 뇌에는 주름이 없다!

다양한 포유류를 관찰해보면 **대뇌 겉면에 주름이 있는 동물도 있고 주름이 없는 동물도 있습니다**(그림 5-3). 가령 영장류와 고래류 동물의 뇌에는 주름이 있지만, 마우스, 래트, 기니피그의 뇌에는 주름이 없습니다. 기본적으로 뇌가 크고 고등 기능을 가진 동물의 뇌에 주름이 있는 경향이 큽니다. 그러나 소형 영장류인 비단원숭이의 뇌에는 주름이 없고, 족제비과 동물인 페럿의 뇌에는 주름이 있습니다.

인간에게는 '뇌이랑없음증'이라는, 뇌에 주름이 없고 겉면이 매끈한

선천성 질환이 있습니다. 신생아 15,000명 중 한 명의 빈도로 발병하며 임상적으로는 중증 정신운동·발달지체와 간질 발작 등이 나타납니다. 뇌이랑없음증 환자와 건강한 사람 사이에 다른 유전자가 있다면 그 유전자는 뇌의 주름이 생기는 과정에도 관여할지 모릅니다. 실제로 1993년에 뇌이랑없음증 관련 유전자를 해석한 결과, 17번 염색체의 *LIS1*이라는 유전자가 코딩한 정보는 혈소판 활성화 인자 아세틸가수분해효소(PAF-AH)라는 이름의 효소 단백질을 구성하는 베타 소단위체였습니다. 이 때문에 인간의 *LIS1* 유전자는 *PAFAH1B1*으로도 불립니다. 다시 돌아와서, 혈소판에 관여하는 분자가 정말로 뇌와도 관련이 있을까요? 이 분자의 기능을 알면 뇌에 주름이 생기는 원리도 알 수 있지 않을까요? 그래서 연구자들은 마우스로 이 문제를 검증하기로 했습니다.

1998년 미국 국립위생연구소에 유학 중이던 히로쓰네 신지(현 오사카공립대학 교수)의 연구팀은 마우스의 *Pafah1b1* 유전자[3]에 인공적으로 변이를 일으킨 유전자 조작 동물을 제작했습니다. 한 쌍의 *Pafah1b1* 유전자가 모두 변이된(동형접합) 마우스는 배아 발생 초기에 대부분 죽음에 이르지만, *Pafah1b1* 유전자 한 쌍 중 한쪽만 변이된 마우스는 뉴런의 이동은 물론 대뇌겉질, 해마, 후각망울 등의 영역에

---

3) 생명과학 관례상 인간의 유전자는 전부 대문자로 표기하고 마우스의 유전자는 앞글자만 대문자로 표기합니다.

서 조직을 구축하는 데에도 이상이 생깁니다. 즉, 마우스의 *Pafah1b1* 유전자에 이상이 생기면 뇌 구축에도 문제가 일어난다는 가설이 증명된 것입니다.

하지만 마우스는 처음부터 뇌이랑없음증을 가지고 태어나는 경우가 일반적입니다. 반대로 마우스의 뇌에 주름이 생긴다면 그 메커니즘이 뇌의 주름을 이해하는 단서가 될지도 모릅니다.

문제 마우스의 뇌에 주름이 생길 수 있을까?

독일의 막스 플랑크 분자세포생물학·유전학연구소장 빌란트 허트너의 연구팀은 마찬가지로 막스 플랑크 연구소의 진화인류학연구소장인 스반테 페보와 공동 연구를 시작했습니다. 두 사람은 우선 인간의 대뇌겉질 형성 과정 중 신경줄기세포에서 작동하고 마우스에서는 작동하지 않는 유전자를 발굴했습니다. 이에 해당하는 인간 대뇌겉질 신경줄기세포에 '특이적'인 유전자 56개 중 *ARHGAP11B*에 초점이 맞추어졌는데요. 세포 내 신호 전달에 관여하는 단백질을 코딩하는 유전자입니다.

이 *ARHGAP11B* 유전자는 다른 동물에도 있는 *ARHGAP11A* 유전자가 진화 과정 중 부분적으로 중복되어 만들어진 것으로 보입니다. 이 유전자 중복이 일어난 시기는 약 500만 년 전쯤 영장류에서 침팬

그림 5-4 자궁 내 전기천공법

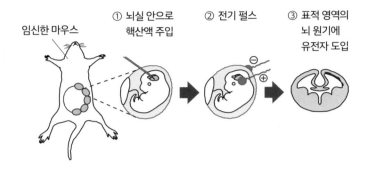

지로 진화하는 계통과 인간으로 진화하는 계통이 분기된 이후로 추정되며, 150만 년 전~50만 년 전이라는 시간 동안 한 군데에만 변이가 일어났기 때문에 인간에게 특이적이라는 주장이 제기되었습니다.

허트너 연구팀은 발생 중인 마우스의 뇌 원기에 이 유전자를 도입했습니다. 자궁 내 전기천공법(in utero electroporation)[2]이라는 기술(그림 5-4)로 *ARHGAP11B* 유전자를 도입해 활성화하자, 예상대로 대뇌겉질 신경줄기세포(방사형 아교세포)의 증식이 활발해지고 뉴런이 더 많이 만들어졌으며 **원래 주름 없이 평평했던 마우스의 뇌에 주름이 생겼습니다.** *ARHGAP11B* 유전자의 정체가 확인된 연도는 2010년, 마우스의 뇌에 실제로 주름을 만든 연도는 2015년입니다.

2020년 허트너 연구팀은 일본 게이오대학 의학부 교수 오카노 히데유키, 일본 실험동물중앙연구소 부장 사사키 에리카와 함께 수행한

그림 5-5 *ARHGAP11B* 유전자의 도입으로 주름이 생긴 마모셋의 뇌

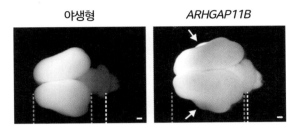

야생형과 *ARHGAP11B* 유전자를 도입한 마모셋 배아의 뇌를 정수리에서 관찰한 사진(배아 형성 101일째).
회색 점선: 대뇌겉질의 경계선. 흰색 점선: 소뇌의 위치. 화살표: 야생형에는 없는 뇌의 요철. 스케일 바: 1mm.
(논문 사진을 변형)

▶ 게이오대학 의학부·일본 실험동물중앙연구소·이화학연구소, 「인간 특이적인 유전자를 영장류 비단원숭이에 발현시키면 뇌가 확장되어 뇌의 주름이
만들어진다—인간 대뇌겉질의 진화 과정을 밝히다—」(https://www.keio.ac.jp/ja/press-releases/files/2020/6/25/200625-1.pdf)에서 인용.

국제 공동 연구에서 소형 영장류인 마모셋으로 검증 실험을 진행했습니다. 마모셋의 수정란에 *ARHGAP11B* 유전자를 도입한 **마모셋의 뇌에서는 원래 주름이 존재하지 않던 자리에도 주름이 나타났습니다**(그림 5-5). 이 공동 연구의 성과는 사이언스(Science) 학술지에 게재되었습니다.

주름 구축에 관한 연구 중 물리적 작용에 초점을 맞춘 연구도 있습니다. 대뇌겉질 중 서로 다른 영역 사이에 신경 회로가 구축되면 조직 사이에 아주 작은 장력이 생기는데, 이 장력이 뇌의 주름을 만들어내는 것이 아닐까 하는 가설을 증명하기 위해 컴퓨터 시뮬레이션 해석이 진행되고 있습니다.

뇌 해부 실습에서는 얼핏 보면 뇌의 주름이 다 똑같아 보일지라도 사람마다 주름의 깊이나 위치가 다르다고 배웁니다. 뇌 영상 연구가

발전하면서 자폐 스펙트럼 장애가 있는 사람의 뇌는 일부 뇌고랑이 더 깊고 위치가 기존과 다르다는 결과가 보고되고 있습니다. 조현병 연구에서는 전체적으로 뇌의 주름이 적고 깊이가 얕다는 결과가 있습니다. 이처럼 정상적인 신경 회로 구축에서 일탈하면 주름도 다르게 나타날 가능성이 있는데, 앞으로 마음의 병을 진단하거나 치료할 때도 이를 응용할 수 있을지 기대됩니다.

3 사람의 대뇌피질은 어떻게 고성능이 되었을까?

고등 정신 기능을 담당하는 뇌를 종종 컴퓨터에 빗대기도 합니다. 고성능 컴퓨터는 대용량 메모리가 탑재되어 있어 처리 속도가 빠르지요. 인간의 대뇌겉질은 어떻게 '고성능'이 되었을까요?

뇌의 용량

우선 용량을 생각해 볼까요? 수많은 척추동물은 진화 과정에서 저마다 독특한 방향으로 뇌의 형태가 변형됩니다. 예를 들어, 조류는 시각과 직결된 중간뇌가 대뇌보다도 큽니다. 반면에 포유류는 대뇌가 커지는 방향으로 진화합니다. 일반적으로 몸이 큰 동물일수록 뇌도 큽니다. 몸을 움직이는 데 대용량 메모리가 필요하다는 점은 떠올리기 그리 어렵지 않은데요. 임신 기간이 길고, 그 사이에 신경줄기세포(신경전구세포)에서 비대칭성 분열로 뉴런이 만들어지는 기간이 길어지면 그만큼 뉴런이 많이 만들어집니다. 가령 신경전구세포의 분열 횟수가 단 7번 늘면 인간의 전체 대뇌 표면적은 마우스의 1,000배나 커집니다.

그런데 **인간을 비롯한 영장류는 몸 크기에 비해 뇌가 상대적으로 큽니다**(2장 그림 2-4 참조). 특히 대뇌겉질의 거대화는 영장류 뇌의 특징으로, 3장에서 설명한 안에서 밖으로 이동하는(Inside-out) 뉴런의 구축 메커니즘이 핵심으로 작용합니다.

다시 한번 설명하자면, 발생 과정에서 일찍 만들어진 뉴런이 뇌 깊숙이 위치하고, 늦게 만들어진 뉴런이 일찍 만들어진 뉴런을 앞질러 뇌 표면 쪽으로 향하므로 뇌 안쪽에서 바깥쪽으로 이동하는 원리입니다. 이로써 포유류의 대뇌겉질은 바깥쪽이 안쪽보다 더 넓어질 수 있습니다.

영장류에서는 뉴런이 많이 만들어질 뿐만 아니라, 뇌실 쪽에 위치하는 증식층(뇌실구역)과 더불어 새로운 증식층이 나타났습니다(그림 5-6). 뇌실밑구역바깥층(Outer subventricular zone, OSVZ)이라고 하는 두 번째 증식층에도 수많은 방사형 아교세포(바닥 방사형 아교세포)가 존재하며 뇌 표면으로 긴 돌기를 뻗습니다. 바닥 방사형 아교세포도 신경줄기세포, 엄밀히는 신경전구세포로써 뉴런을 만들어내며 새롭게 만들어진 뉴런은 바닥 방사형 아교세포의 돌기를 통해 뇌 표층으로 이동합니다. 두 번째 증식층에는 긴 돌기가 없는 또 다른 신경줄

그림 5-6 인간 뇌 확대에 관여하는 제2의 증식층

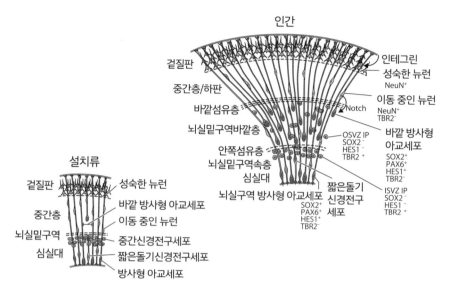

인간

겉질판
중간층/하판
바깥섬유층
뇌실밑구역바깥층
안쪽섬유층
뇌실밑구역속층
심실대
뇌실구역 방사형 아교세포
SOX2⁺
PAX6⁺
HES1⁺
TBR2⁻

인테그린
성숙한 뉴런
NeuN⁺
이동 중인 뉴런
NeuN⁺
TBR2⁻
바깥 방사형
아교세포
SOX2⁺
PAX6⁺
HES1⁺
TBR2⁻
Notch
OSVZ IP
SOX2⁻
HES1⁻
TBR2⁺
짧은돌기
신경전구
세포
ISVZ IP
SOX2⁻
HES1⁻
TBR2⁺

설치류

겉질판
중간층
뇌실밑구역
심실대

성숙한 뉴런
바깥 방사형 아교세포
이동 중인 뉴런
중간신경전구세포
짧은돌기신경전구세포
방사형 아교세포

OSVZ IP: 뇌실밑구역바깥층의 중간신경전구세포, ISVZ IP: 뇌실밑구역속층의 중간신경전구세포.

▶ Lui J.H., et al., "Development and evolution of the human neocortex", *Cell, 146*(1), pp. 18-36, 2011에서 인용.

기세포도 존재합니다. 이 세포는 바닥중간전구세포(Basal intermediate progenitors, bIPs) 또는 짧은돌기신경전구세포(Short neural precursors, SNP)라고 불립니다.

뇌의 진화 과정에서 신경발생 프로그램에 어떤 변화가 일어나 바닥 방사형 아교세포나 바닥 중간전구세포가 만들어지고, 두 번째 증식 층이 형성되고, 뉴런이 많이 만들어지는지에 대해 자세히 밝혀진 바 는 없습니다. 그러나 두 번째 증식층의 신경줄기세포에서는 표면층 뉴

런이 만들어집니다. 늦게 만들어진 표면층 뉴런이 좌우 대뇌반구로의 투사와 국소 네트워크 형성에 관여한다는 사실을 생각해 보면, 뇌실 밑구역바깥층이라는 두 번째 증식층의 출현이 결과적으로 고등 정신 기능을 뒷받침하는 데 필요한 과정임은 틀림없습니다. 인간에게 특이적인 유전자 *ARHGAP11B*와 뒤에서 소개할 *TKTL1* 유전자를 도입하면 바닥 방사형 아교세포가 증가합니다.

별아교세포의 중요성

다음으로 신경 활동의 처리 속도를 생각해 볼 차례입니다. 뉴런의 신경 전달 속도 변화를 진화적 관점에서 고찰하기 위해 시냅스 분자의 변화를 살펴봅시다. 원시적인 신경계에도 시냅스 분자는 존재하지만, 척추동물에는 더 많은 종류의 시냅스 분자가 존재합니다(그림 5-7). 그림을 보면 뇌가 고성능이 되는 데 시냅스를 형성하고 신경 전달을 확고히 하는 과정이 필요함을 알 수 있습니다. 반대로 말하면 이 시냅스 분자에 이상이 생기면 뇌 기능도 손상되고 맙니다. 자폐 스펙트럼 장애와 조현병 등에 관여하는 분자 중 시냅스 분자도 있는데, 빠른 신경 전달에 시냅스 분자가 매우 중요한 역할을 한다는 사실만큼은 확실합니다.

시냅스 분자보다 더 중요한 신경아교세포도 있습니다. **마우스와 원숭이와 인간의 별아교세포는 돌기의 발달 형태가 매우 다릅니다.** 마우스와

그림 5-7 시냅스 분자의 진화

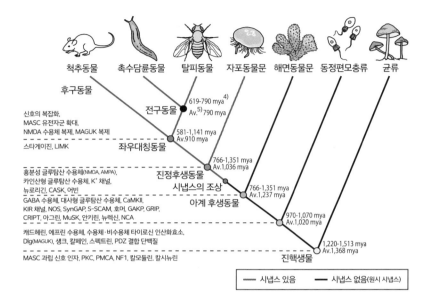

척추동물　촉수담륜동물　탈피동물　자포동물문　해면동물문　동정편모충류　균류

후구동물

619-790 mya [4]
Av.[5] 790 mya

전구동물

신호의 복잡화,
MASC 유전자군 확대,
NMDA 수용체 복제, MAGUK 복제

581-1,141 mya
Av.910 mya

스타게이진, LIMK

좌우대칭동물

766-1,351 mya
Av.1,036 mya

흥분성 글루탐산 수용체(NMDA, AMPA),
카인산형 글루탐산 수용체, K+ 채널,

진정후생동물
시냅스의 조상

766-1,351 mya
Av.1,237 mya

뉴로리긴, CASK, 어빈
GABA 수용체, 대사형 글루탐산 수용체, CaMKII,
KIR 채널, NOS, SynGAP, S-SCAM, 호머, GAKP, GRIP,
CRIPT, 아그린, MuSK, 안키린, 뉴렉신, NCA

아계 후생동물

970-1,070 mya
Av.1,020 mya

캐드헤린, 에프린 수용체, 수용체·비수용체 타이로신 인산화효소,
Dlg(MAGUK), 섕크, 칼페인, 스펙트린, PDZ 결합 단백질

1,220-1,513 mya
Av.1,368 mya

MASC 과립 신호 인자, PKC, PMCA, NF1, 칼모듈린, 칼시뉴린

진핵생물

——— 시냅스 있음　　━━━ 시냅스 없음(원시 시냅스)

4) mya: millions of years ago, 100만 년 전.-옮긴이
5) Av.: Average, 평균.-옮긴이

▶ Ryan T.J. & Grant S.G., "The origin and evolution of synapses", *Nat Rev Neurosci, 10*(10), pp. 701-712, 2009를 토대로 작성.

비교했을 때 인간의 별아교세포는 지름 2.55배, 전체 부피는 27배 큽니다. 관여하는 시냅스 수를 비교하면 마우스의 시냅스는 약 9만 개지만, 인간의 시냅스는 200만 개 이상입니다. 그리고 인간의 뇌에 존재하는 원형(Prototype) 별아교세포는 겉질과 회백질 전체에 걸쳐 3차원적으로 타일을 바른 것처럼 반듯하게 깔려 있습니다. 이러한 구조자체가 효율적인 신경 전달의 기반입니다.

미국의 마이켄 네더가드 연구팀은 어린 마우스의 뇌에 인간의 별아교세포 전구세포를 이식한 다음, 이 마우스의 행동을 관찰했습니다. 그러자 인간에서 유래한 **별아교세포를 뇌에 이식받은 마우스의 행동 효율이 올랐습니다.** 별아교세포는 뉴런과 함께 삼자 시냅스를 형성하므로 별아교세포가 신경 전달에 얼마나 중요한지 엿볼 수 있습니다.

최근 인간을 비롯한 영장류에 존재하는 세 종류의 특이적인 별아교세포의 존재가 밝혀졌습니다. 첫 번째로 층간별아교세포(Interlaminar astrocyte)는 대뇌피질 제1층에 위치하며 제1층에서 아래쪽으로 뻗은 돌기가 제4층에 멈춥니다. 다음으로 극성별아교세포(Polar astrocyte)는 대뇌피질 제5층 또는 제6층에 존재하며 1mm 정도 길이의 돌기를 위쪽으로 뻗습니다. 세 번째로 정맥투사형 별아교세포(Varicose projection astrocyte)는 인간 특이적인 세포로, 대뇌피질 제5층 또는 제6층에 존재하며 같은 간격으로 뇌혈관의 혹을 감싸고 있는 매우 긴 돌기가 특징입니다. 세포질끼리 이어질 수 있으므로, 세 별아교세포는 모두 서로 다른 층에서 기능적으로 연관된 도메인 사이를 연결함으로써 겉질층을 넘나드는 장거리 신경 전달의 대체 경로로 작용할 가능성도 있습니다. 인간의 뇌는 연산 처리 방식이 병렬이어서 슈퍼컴퓨터보다 빠른데, 어쩌면 별아교세포가 여기에 관여했을 수도 있습니다. 2장에서 소개했다시피 아인슈타인의 뇌는 신경아교세포의 비율이 높았는데, 별아교세포가 천재의 고등 정신 기능을 뒷받침했을지도 모릅니다.

네안데르탈인의 뇌와 현대인의 뇌를 비교한다면?

'인간형 뇌는 어떻게 만들어지는가?'라는 문제에 대해 연구자들은 유전학적으로도 접근했습니다. 인간 특이적인 유전자 *ARHGAP11B*를 발견한 페보는 네안데르탈인을 비롯해 화석이 된 고대인 유전체 해석의 선구자입니다. 귀중한 화석을 부수고 DNA를 추출하다니, 대담한 발상이군요. 심지어 몇만 년이나 된 시료이니 DNA가 완전한 형태를 갖추고 있다는 보장이 없지요.

다시 돌아와서, 페보는 2006년부터 고대 유전체 해독 프로젝트를 시작했고, 2010년 네안데르탈인의 전반적인 유전체 서열을 결정해 사이언스지에 발표함으로써 사람들의 주목을 받았습니다. 네안데르탈인의 유전체를 현생 인류인 호모 사피엔스와 비교하면, **아프리카 대륙 너머에 사는 사피엔스의 유전체 중 1~4%가 네안데르탈인과 공통적입니다.** 약 5만 년 전에는 네안데르탈인이 사피엔스와 함께 살았다는 흔적을 증거 삼아 페보는 네안데르탈인과 사피엔스의 교배로 사피엔스의 유전체 중 일부가 네안데르탈인으로부터 유래했다고 주장했습니다. 한편 오늘날에는 네안데르탈인의 유전체에 그전부터 사피엔스의 유전체가 반대 방향으로 들어 있었다는 연구 보고도 있습니다.

지금까지 머리뼈 화석으로부터 추정한 바에 따르면 뇌의 용적은 네안데르탈인이 사피엔스보다 100cc 정도 크다고 여겨져 왔지만 최근 연구에서는 소뇌 부분이 사피엔스보다 작거나 뇌 전체 크기가 거의 비슷하다는 보고도 있습니다. 여하튼 연조직인 뇌는 화석으로 남지 않으므로 우리는 네안데르탈인의 뇌가 어떻게 구축되었는지 직접 확인할 단서가 없습니다. 페보는 네안데르탈인과 사피엔스의 유전체를 구체적으로 비교함으로써 어떤 유전자가 사피엔스에서 특징적으로 나타나는지 정보과학적으로 해석했습니다.

차이를 결정짓는 유전자의 증명

그중 페보가 주목한 유전자는 *TKTL1*이었습니다. *TKTL1*은 케톤체를 수송하고 지질 대사에 관여하는 케톨전이효소(Transketolase)의 정보를 담당하는데, 단백질을 규정하는 코딩 영역 중 **네안데르탈인 같은 고대 인류와 사피엔스 사이에 차이가 나는 DNA 서열이 있었습니다.** 페보는 라이신에서 아르지닌으로 아미노산이 치환된 현상에 주목했습니다. 아미노산의 종류가 다르면 단백질의 성질도 달라지기 때문입니다. 그리고 데이터베이스에는 이 분자가 인간 배아의 뇌에서 작용한다는 증거도 있었습니다. 그렇다면 사피엔스의 *TKTL1* 유전자가 네안데르탈인의 유전자와 기능이 다르다는 점을 어떻게 증명할 수 있을까요?

페보는 이를 밝히기 위해 독일의 허트너 박사와 공동 연구를 하기로 했습니다. *TKTL1* 유전자의 사피엔스형과 네안데르탈형의 성질 차이를 실험발생학적 방법으로 규명할 수 있으리라고 생각했기 때문입니다.

허트너 연구팀은 ① 발생 도중의 마우스 또는 페럿의 뇌 원기에 유전자를 과잉 도입하고, ② 인간 배아의 대뇌 새겉질에서 유래한 조직을 배양해 유전자의 기능을 녹아웃하고, ③ 유전체를 편집한 줄기세포로 '미니 뇌'를 제작하는 등 최첨단 기술을 활용했습니다. 현대 생명과학 연구는 이처럼 다양한 기술을 조합해서 증명하는 과정이 필수가 되었습니다.

이제 각 기술을 하나하나 구체적으로 설명할 차례이군요.

① *TKTL1* 과잉 도입 실험

마우스의 뇌에서는 *TKTL1* 유전자가 작용하지 않습니다. 허트너는 이를 응용해 마우스의 뇌 원기에 호모 사피엔스형 *TKTL1* 유전자를 도입해 강제로 작용하도록 만들었습니다. 그러자 **뇌실구역 바깥층에서 바닥 방사형 아교세포가 증가했고, 표면층 뉴런도 증가했습니다.** 심지어 이 현상은 네안데르탈형 *TKTL1* 유전자에서는 나타나지 않았습니다. 허트너는 페럿으로도 같은 실험을 진행해서 같은 결과를 얻었습니다. 긴 돌기가 달린 바닥 방사형 아교세포는 비대칭성 분열을 통해 수많은 뉴런을 만들 수 있는 중요한 세포입니다. 이 실험으로 사피엔스형 *TKTL1* 유전자가 신경발생을 자극하는 효과가 있다는 충분조건이 충족되었습니다.

② 인간 배아의 뇌 조직을 이용한 실험

이어서 허트너는 수정 후 8~14주 차인 인간 배아의 뇌 조직으로 필요조건을 연구했습니다. 이러한 실험은 임신 중절 후 꺼낸 배아를 이용하므로 생명윤리 문제가 있기에, 연구자는 소속된 기관의 윤리위원회로부터 승인을 받아야 하고 중절 수술을 받기로 한 임산부에게 사전동의도 받아야 합니다. 2020년 노벨화학상을 받은 최첨단 기술 'CRISPR/Cas9에 의한 유전체 편집'으로 신경이 한창 형성되고 있는 인간 배아의 뇌 조직에서 *TKTL1* 유전자를 녹아웃했을 때, **예상대로 바닥 방사형 아교세포의 수가 급격히 감소했습니다.**

③ 미니 뇌 제작 실험

허트너는 결론을 확실히 짓기 위해 인간의 배아줄기세포로 실험실에서 만든 뇌의 미니어처인 뇌 오가노이드(Organoid)를 제작해 다시금 필요조건을 검증했습니다. 이 쌀알만 한 수 mm의 '미니 뇌' 안에 **증식층과 겉질판에 해당하는 조직이 재현되었습니다.** 이를 위해서는 인간 배아줄기세포 안에서 *TKTL1* 유전자를 사피엔스형에서 네안데르탈형으로 변형해야 합니다. 이 배아줄기세포로 제작한 뇌 오가노이드에서는 **바닥 방사형 아교세포와 뉴런의 수가 감소했습니다.**

케톨전이효소를 만드는 *TKTL1* 유전자가 어떻게 바닥 방사형 아교

그림 5-8 인간형 뇌에 중요한 *TKTL1* 유전자의 작용

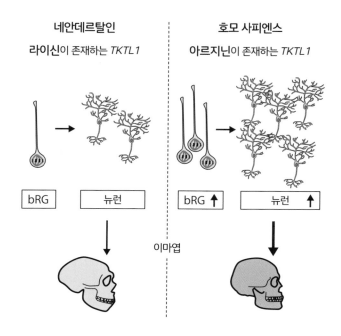

네안데르탈인에 비해 호모 사피엔스에서는 *TKTL1* 유전자가 변이되면서 *TKTL1* 단백질의 라이신이 아르지닌으로 치환되어 단백질 기능이 달라지고, 바닥 방사형 아교세포(bRG)가 증가하며 더 많은 신경이 생성된다. 이러한 차이가 이마엽이 큰 사피엔스형 뇌의 진화로 이어지는 것으로 보인다.

▶ Pinson A., et al., "Human TKTL1 implies greater neurogenesis in frontal neocortex of modern humans than Neanderthals", *Science*, 377(6611), 2022에서 인용.

세포 수의 증가와 관련되어 있는지는 아직 확실하게 밝혀지지 않았지만, 페보와 허트너는 세포 내 대사 경로의 영향 때문이 아닐까 생각했습니다. 2장에서 지적했다시피 긴 돌기가 달려 있고 인지질로 이루어진 세포막이 대량으로 필요한 방사형 아교세포에 대해, 오탄당 인산

경로를 통해 지방산의 대사가 변하는 현상이 진화에 중요하다는 점은 쉬이 상상할 수 있습니다.

두 사람은 인간 배아의 뇌에서 *TKTL1* 유전자의 작용이 신경발생 과정에서 강해지고, **특히 뒤통수엽보다 인간 지성의 상징인 이마엽에서 더 강하다는 연구 결과도 증명했습니다**(그림 5-8). 뇌의 발생·발달 과정에서 뒤통수엽은 빠르게 성숙하지만 이마엽의 발생과 발달은 비교적 천천히 진행되는데, 다양한 유전적 프로그램이 이마엽을 확대하는 데 작용하기 때문으로 보입니다.

위 연구는 2022년 9월 9일 사이언스지에 막 발표된 최신 연구입니다. 그리고 공동 연구자인 페보는 이 책을 쓰는 동안 '멸종한 인류의 유전체와 인류의 진화에 관한 발견'을 인정받아 2022년 노벨 생리학·의학상을 받았습니다. 앞으로 어떻게 될지 무척 기대되는군요.

4 뇌와 장과 면역의 중요한 관계

뇌에도 면역 세포가 존재한다는 이야기는 2장과 4장에서도 했는데요. 바로 면역 세포인 큰포식세포의 친척이자 뇌에 정착한 세포 집단인 미세아교세포입니다. 미세아교세포는 뇌에 염증이 생기면 곧장 달려 나와 문제를 해결하는 역할을 하는데, 최근에는 뇌의 항상성을 유지하기 위해 신경 발달 과정 중 시냅스 가지치기에도 관여한다는 사실이 밝혀졌습니다. 즉, 뇌가 구축될 때 중요한 역할을 하는 세포입니다.

장이 다른 장기와 독립된 장기라고?

그런데 여러분은 뇌와 장이 서로 연관되어 있다는 사실을 알고 있으셨나요? 중요한 시험을 보는 날 아침에 배가 아팠던 경험이 있는 분도 계실 텐데요. 이 증상을 의학 용어로는 과민대장증후군이라고 합니다. 바이러스 감염으로 장에 염증이 생긴 경우가 아니더라도, 스트레스에 반응해서 장의 꿈틀운동이 비정상적으로 활발해지기도 합니다. **이는 뇌가 스트레스를 감지해서 반응하기 때문입니다.**

진화 과정을 돌아보면 뇌라는 구조가 형성되지 않은 히드라 같은 생물은, 소화기로 자라는 안쪽 세포층과 외부로부터 격리하기 위한 바깥쪽 세포층의 2층 구조입니다. 바깥쪽 세포층의 일부인 촉수는 먹이를 잡아채는 동시에 센서로도 움직입니다. **극단적으로 말하자면 히드라는 장과 입과 촉수로 이루어진 셈입니다.** 먹이가 장에 들어오면 장의 센서 세포가 어떤 화학물질인지 감지합니다. 센서 세포는 일종의 호르몬을 분비해 주변 세포에 먹이가 들어왔다고 알림으로써 소화 기능을 일깨웁니다. 제대로 된 신경계가 없어도 히드라는 아무 문제가 없습니다.

우리 몸의 장도 기본적으로는 뇌와 독

립적으로 꿈틀운동을 하고, 소화관 호르몬을 분비해서 섭취한 음식물을 분해하고 영양분을 흡수하며, 혈관을 통해 온몸으로 나누어줄 수 있습니다. 이러한 운동은 뇌의 명령을 받아 일어나는 작용이 아닙니다. 한편 음식물에 들어 있던 세균이나 바이러스가 장세포를 감염시키면 이를 감지한 장에서 방어 반응이 일어납니다. 그러면 해로운 미생물과 독소를 최대한 빠르게 배출하기 위해 장의 꿈틀운동이 활발해집니다. 즉, 사람의 장은 어느 정도 독립적으로 움직이지만, 위험을 감지하면 활발한 꿈틀운동으로 설사를 일으킬 뿐만 아니라 뇌에 위험을 알려 구토를 유도할 수도 있습니다. 이러한 반응은 미주신경이라는 말초신경이 장부터 뇌까지 이어져 있기에 가능합니다.

비만에 관여하는 장내세균

장에는 셀 수 없이 많은 세균이 서식하는데, 최초로 세균을 발견한 과학자는 현미경을 개발한 네덜란드의 안토니 판 레이우엔훅입니다. 주로 대장에 존재하는 세균을 통틀어 장내미생물군(장내세균총)이라고 하는데, 총 무게는 약 1~1.5kg, 종류는 약 1,000종, 수는 600조~1,000조 개나 되니 **인간의 몸을 구성하는 약 37조 개의 세포보다 몸에 기생하는 장내미생물이 더 많습니다. 오히려 우리가 장내미생물과 공생하고 있다고 해야겠군요.** 이러한 장내미생물은 인간의 건강을 유지하는 데 필요한 존재입니다. 유전체 해석에도 쓰이는 차세대 염기 서열 분석기[3]로 분변에 들어 있는 장내미생물의 종류와 비율을 조사하는 연구는 현재 매우 주목받는 분야로 자리 잡고 있습니다.

무균 동물을 이용한 실험은 장내미생물군의 연구에 박차를 가할 수 있게 해준 중요한 연구 기술입니다. 노토바이오트(Gnotobiote)라고 하는데, 'Gno(=know)'와 'Biota(생물군)'를 합성한 말입니다. 즉, 어떤 동물의 몸에서 살아가는 모든 생물을 파악하고 있다는 의미입니다. 이 기술을 실현하고자 하는 도전은 루이 파스퇴르가 활약하던 시대까지 거슬러 올라갑니다. 수프를 펄펄 끓여서 무균에 가까운 상태로 만드는 파스퇴르의 실험으로 "생물은 무에서 태어나지 않는다"라는 명제가 증명되었습니다. 그러나 20세기 후반이 되어서야 비로소 현대적인 의미로 실험 환경에서 '무균 상태'를 만들어낼 수 있게 되었습니다. 여기서는 노토바이오트 기술을 확립하고 연구를 견인해 온 미국 세인트루이스 워싱턴대학의 제프리 고든의 연구를 중심으로 소개하겠습니다.

· **장내세균과 장세포**

고든의 연구 주제는 원래 소장 상피세포의 발생 분화와 지질의 영양이었습니다. 장내세균의 영향을 받지 않는 조건에서는 장세포가 어떻게 분화하는지 알아보기 위해 고든은 무균 마우스를 실험에 이용했습니다. 무균 마우스는 제왕절개로 꺼낸 마우스 태아를 무균 상태에서 사육한 양부모 마우스와 함께 자라도록 환경을 만듭니다. 변수를 완벽하게 통제하기 위해 무균 상태에서 동결한 수정란을 무균 마우스의 자궁에 이식하는 방법도 있지만, 노력이 많이 필요합니다. 이렇게 만든 무균 마우스의 소장을 조사한 고든은 장 상피세포에서 이상을 발견했고, **장세포가 정상적으로 분화하려면 장내세균과의 상호작용이 중요하다는 것을 깨달았습니다.** 고든은 2005년 노토바이오트 기술로 당 사슬을 분해하는 일종의 장내세균을 무균 마우스에 이식함으로써 장내세균이 식사에 함유된 식이섬유로부터 영양을 얻는다는 사실을 증명했습니다.

· **장내세균과 비만**

고든은 차세대 염기 서열 분석기를 이용해서 인간의 장내미생물군 연구도 진행했습니다. 분변에서 DNA를 추출한 다음 포괄적으로 염기 서열을 보면, 존재하는 세균의 종류는 물론 상대적으로 어떤 세균이 많고 어떤 세균이 적은지 알 수 있습니다. 예를 들어, 살찐 사람과 살찌지 않은 사람의 장내미생물군을 생물정보학(Bioinformatics)◆4적으로 비교하면 각각 특징적인 세균을 확인할 수 있습니다. 고든은 위 연구를 2006년 장내세균과 비만의 관계에 관한 논문으로 정리해서 발표했습니다. 유전자 조작으로 비만이 된 마우스의 장내미생물군은 날씬한 사람이나 유전자를 조작하지 않은 야생형 마우스와 달리 비만 장내세균이 많아 음식물에서 에너지를 더 많이 추출할 수 있습니다. 즉, **비만은 식습관뿐만 아니라 장내세균의 상태에 따라서도 결정됩니다.**

그리고 어떤 장내미생물군이 비만을 불러일으키는지 연구하고자 한 고든은 노토바이오트 기술을 활용했습니다. 무균 마우스에 특정 세균 혹은 미생물군을 이식했을 때 개체 수준에서 어떤 영향을 미치는지 엄밀히 검증할 수 있기 때문입니다. **실제로 고든 연구팀이 장에 '뚱보균'을 집어넣은 무균 마우스는 '날씬균'을 집어넣은 마우스보다 살이 많이 쪘습니다.** 이를 계기로 장내미생물군과 각종 질병의 관계를 규명하는 연구가 활기를 띠게 되었습니다. 고든은 그야말로 최첨단 과학 기술을 융합해서 새로운 분야를 개척한 연구자라고 할 수 있겠습니다.

자폐 스펙트럼 장애와도 관계가 있는 장내세균

현시점에 확정적이라고 말하기는 어렵지만, 자폐 스펙트럼 장애와 장내세균이 연관되어 있을 가능성이 주목받고 있습니다. 가령 자폐 스펙트럼 장애가 있는 사람은 건강한 사람보다 장내세균의 다양성이 낮다는 보고가 있습니다. 그러나 이는 자폐 스펙트럼 장애의 특징인 집착과 상동성(같은 동작을 반복하는 성질)에 의한 '결과'일지도 모릅니다. 자폐 스펙트럼 장애가 있으면 음식의 호불호가 심하거나 특정 음식만 반복해서 먹는 경향이 있기 때문입니다. 한편 자폐 스펙트럼 장애 마우스 모델에 건강한 사람의 몸에서 채취한 세균을 보충하면 행동 장애의 변화가 뚜렷하게 나타난다는 보고도 있으므로, 장내세균이 '원인'일 가능성도 부정할 수는 없습니다.

• 장과 뇌를 연결하는 면역 세포

발달기의 시냅스 가지치기 현상이 정상적인 신경 회로를 형성하는 데 필수라는 내용을 4장에서 배웠습니다. 이때 뇌의 면역 세포인 미세아교세포가 관여한다는 내용도요. 그렇다면 뇌와 장내세균을 연결하는 주체는 면역 세포가 아닐까 추측해볼 수 있지 않을까요?

고베대학 대학원 의학연구과의 다쿠미 도루는 일선에서 여러 각도로 자폐 스펙트럼 장애를 연구해온 기초의학 연구자입니다. 다쿠미 연구팀은 BTBR이라는 계통의 마우스에 주목했습니다. BTBR은 원인을 알 수 없는 돌발성(Idiopathic) 자폐 스펙트럼 장애 마우스 모델입니다. BTBR 마우스의 행동을 조사해 보니 사회성이 낮고 같은 행동을 반복하는 증상, 전문 용어로는 표현형을 보이는 동시에 면역계에서도 이상이 발견되었습니다. 인간을 대상으로 한 역학 연구에서도 임신기에 감염증에 걸린 임산부로부터 태어난 아이가 자폐 스펙트럼 장애에 걸릴 위험성이 크다는 내용이 정설로 자리잡혔습니다.

• 자폐 스펙트럼 장애 마우스 모델 연구

다쿠미 연구팀은 뇌에 존재하는 면역 세포인 미세아교세포가 발생 과정 중 몸속 어느 부위에서 왔는지 마우스로 조사했습니다. 단일 세포 RNA-seq(Single cell RNA sequencing) 기술[*5]로 면역 세포의 근원이 되는 혈구 자체가 만들어지는 두 영역, 즉 배아를 감싸고 있는 난황주머니와 신장, 생식샘이 발생하는 영역(AGM)에 초점을 맞추었습니다. 결과적으로 몸을 순환하는 큰포식세포는 신장과 생식샘이 발생하는 영

그림 5-9 면역 세포로 연결된 뇌와 장내세균

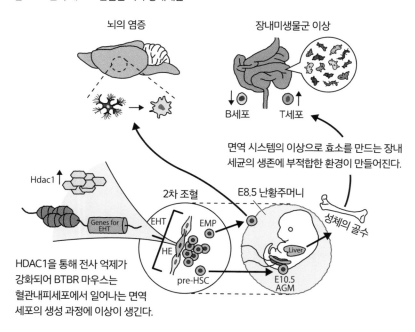

EHT: 혈관내피세포에서 조혈줄기세포가 만들어지는 과정.　HE: 조혈성 내피.
EMP: 적혈구·골수 전구세포　pre-HSC: AGM의 전조혈줄기세포.

▶ Lin C.W., et al., "A common epigenetic mechanism across different cellular origins underlies systemic immune dysregulation in an idiopathic autism mouse model", *Mol Psychiatry, 27*(8), pp. 3343-3354, 2022에서 인용.

역에서 유래했지만, 뇌에 침입하는 면역세포인 미세아교세포는 난황주머니에서 유래했습니다(4장 그림 4-6 참조).

다음으로 다쿠미 연구팀은 BTBR 마우스와 일반 마우스의 면역 세포에 작용하는 유전자 프로필을 비교했습니다. 그러자 후성유전학에 관련된 HDAC1(히스톤탈아세틸화효소)의 유전자가 수면 위로 떠올랐습니다. 자폐 스펙트럼 장애 마우스 모델인 BTBR 마우스에서는 유전자 발현 억제에 관여하는 HDAC1의 기능이 강해지고, 큰포식세포나 미세아교세포가 증가한 끝에 면역 시스템이 폭주합니다. 그리고 HDAC1의 효소 기능을 방해하는 약물을 BTBR 마우스에 투여하자 뇌의 면역 폭주 상태가 확연히 감소했습니다.

돌발성 자폐 스펙트럼 장애 마우스 모델(BTBR)에서는 배아기에 나타난 후성유전학적 변화로 몸 끝의 면역계에 문제가 생겨 장내미생물군 조성의 변화와 함께 뇌 내 미세아교세포의 이상에 의한 신경 발달 장애가 일어난다고 볼 수 있습니다(그림 5-9).

• 자폐 스펙트럼 장애 치료를 위한 응용

만약 이 메커니즘이 인간에게서도 똑같이 일어난다면, 미래에는 후성유전학적인 변화를 주는 약물을 투여해서 장내미생물군의 조성을 바꿀 수 있을지도 모릅니다. 그런 후성유전학적 약물이 자폐 스펙트럼 장애의 예방약이나 치료제가 될 가능성도 있습니다. 단, 자폐 스펙트럼 장애는 증상이 다양하고 사람마다 특징이 다르므로 배경이 되는 원인도 각양각색입니다. 따라서 한 사람 한 사람의 특성에 대응하는 자폐 스펙트럼 장애용 정밀 의료(Precision medicine)가 발전해야 하는데, 그러려면 발병 메커니즘에 대한 자폐 스펙트럼 장애의 하위 유형의 분류가 필요합니다. 그리고 다양한 자폐 스펙트럼 장애의 증상 가운데 본인이나 주변 사람들이 힘들다고 생각하지 않는 특성을 치료의 대상으로 보는 인식은 부적절합니다. 결국, 의학적 개발에는 '당사자의 관점'도 중요하니까요.

5 COVID-19의 후유증, 후각장애

이 책을 쓰는 시점에는 아직 신형 코로나바이러스(SARS-CoV-2) 감염증(COVID-19)의 전망이 불투명한 상황입니다. 초기 COVID-19 환자에게 나타난 가장 심각한 증상은 중증 폐렴과 혈전이었으나 오미크론 변이 바이러스가 유행하면서 증상의 심각도가 낮아지고 있습니다. 하지만 COVID-19에 의한 후각 상실 사례는 초기보다 더 자주 보고되고 있는데, 그 원인은 무엇일까요?

우리가 후각을 느낄 수 있는 이유는 비강 안쪽 후각상피에 존재하는 후각세포 덕분입니다. 감각 뉴런인 후각세포의 세포막에는 다양한 종류의 후각수용체가 있고, 냄새 분자가 이 단백질에 결합하면 후각

그림 5-10 후각 전달의 원리

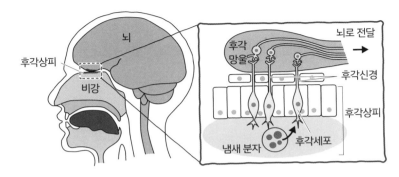

냄새 분자가 후각세포(뉴런)의 후각수용체에 결합하면 자극이 후각망울을 거쳐 뇌로 전달된다. 후각세포의 축삭을 후각신경이라고 한다.

그림 5-11 신형 코로나바이러스 감염증에 걸렸을 때 세포 수준에서 일어나는 변화(햄스터)

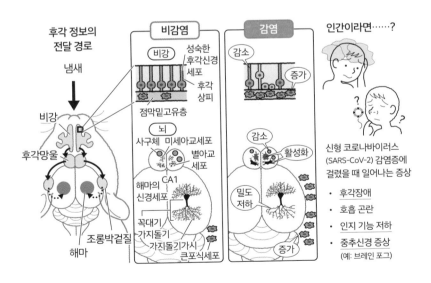

▶ Sysmex, 「신형 코로나바이러스 감염증이 후각 관련 인지 기능과 기억에 영향을 줄 가능성-도쿄대학 외」(https://www.sysmex-medical-meets-technology.com/_ct/17536601)를 토대로 작성.

망울이라는 중추로 자극이 전달됩니다(그림 5-10). 인간이라면 약 400종류, 마우스라면 1,000종류 이상의 후각수용체가 수많은 후각 자극을 감지합니다. 한편 코점막은 바깥에 노출되어 있으므로 재생력이 높습니다. 바꿔 말하면 후각상피에서 일종의 신경발생이 일어난다고도 할 수 있습니다.

COVID-19 환자와 실험동물을 대상으로 한 연구로 SARS-CoV-2 바이러스가 후각상피의 지지세포와 후각세포를 감염시킨다는 사실이 밝혀졌습니다. SARS-CoV-2 바이러스가 지지세포를 감염시키면 면역 세포가 후각상피에 침투해 염증성 사이토카인(Inflammatory cytokine)이라는 분자가 방출되면서 염증이 유발됩니다. 그리고 후각수용체와 후각에 관여하는 신호 전달 분자의 발현량이 줄고 후각세포가 타격을 입으며 후각세포 표면에 있는 냄새 분자를 잡는 섬모가 손실됩니다. 후각세포가 기능을 제대로 하지 못하게 되면 후각망울에 있는 도파민 뉴런이 줄고, 시냅스에서 전달되는 입력 또한 감소합니다. 결과적으로 냄새를 맡기 어려워집니다.

후각 기능 장애는 일반적으로 COVID-19 감염 후 3~4주에 걸쳐 회복됩니다. 줄기세포에서 후각세포(뉴런)가 분화되는 데 시간이 필요하기 때문이지요. 하지만 타격이 크면 줄기세포에도 영향이 가므로 후각세포의 재생 속도가 느려지고 후각장애가 오랫동안 나타날 수도 있습니다. 후각망울이 위축되기도 합니다.

후각망울보다 상위 단계에서 후각을 처리하는 해마에서도 바이러스 감염에 의한 염증으로 미세아교세포와 별아교세포가 활성화됩니다. COVID-19의 영향이 오래 이어지면 'long COVID' 증상으로 브레인 포그(Brain fog, 머리에 안개가 낀 것처럼 멍한 상태)가 계속되는 증상도 나타난다고 합니다(그림 5-11). 단순한 감기나 독감과 다른 COVID-19의 영향에 대해서는 앞으로도 계속 연구가 필요합니다.

6 뇌 기술 발전의 최전선

전기 자동차 테슬라의 개발자 일론 머스크를 아는 분이 많을 텐데요. 최근 SNS 플랫폼 트위터를 인수해 화제에 오른 머스크는 2016년 뉴럴링크(Neuralink)라는 회사를 세웠습니다. 뉴럴링크는 브레인 머신 인터페이스(Brain Machine Interface, BMI)라는 기술에 주목해 뇌와 컴퓨터를 '연결하는' 기계와 프로그램을 개발하고 있습니다.

생각만으로 물건을 움직일 수 있다고?

BMI는 뇌에 직접 전극을 이식해서 뇌 활동을 계측하거나 뇌에 자극을 주어 뇌와 기계를 연결하는 기술입니다. 뇌와 컴퓨터를 연결하므로 브레인 컴퓨터 인터페이스(Brain Computer Interface, BCI)라고도 합니다. BMI가 활용되는 사례를 꼽아 보자면, 가령 사고로 척추가 손상되어 손발을 움직일 수 없는 사람도 BMI가 있으면 자립적으로 생활할 수 있습니다. 직접 TV를 켠다든지 누군가에게 메시지를 보내고 싶을 때, 그 '생각'만으로 기계(혹은 컴퓨터)를 조작할 수 있다면 다른 사람의 도움을 조금이나마 덜 받게 되고 자존감을 높일 수도 있겠지요. 실제로 미국의 반신불수 환자가 BMI를 이식하고 5년 만에 〈파이널 판타지 14〉를 플레이하는 모습이 유튜브에 올라오기도 했습니다.

척수 손상과 뇌졸중 치료를 위해 iPS 세포나 신경줄기세포를 이식하는 방법을 연구하고 있지만, 손상을 입고 일정 기간 내에 수술받지 못하면 기능을 회복하기 힘들다는 단점이 있습니다. 재활의 중요성이 갈수록 커지는 고령화 사회에서 BMI는 유용한 의료 기술로 대두되고 있습니다. 의사이면서 소아마비로 휠체어 생활을 하는 도쿄대학 첨단과학기술연구센터의 구마가야 신이치로는 "Disability vs. Impairment"[6]라는 말로 장애와 손상이 당사자의 문제인지 아니면 제도나 시스템처럼 외부의 문제인지에 대한 의식 계발을 촉구하고 있습니다. 신체적 장애가 있는 사람도 자립적으로 활동할 수 있도록 돕는 BMI/BCI는 앞으로 점점 발전하리라고 생각합니다.

BMI는 뇌 기술(Brain tech) 또는 뉴로테크(Neurotech)라는 이름의 혁신 분야 중 가장 역사가 오래된 기술입니다. 현시점에서는 머리뼈를

---

6) Disability vs. Impairment: 손상(Impairment)은 사지의 일부나 전부가 부재한 것 또는 신체 일부나 그 기능이 불완전한 상태이고, 장애(Disability)는 신체적 손상이 있는 사람들이 사회 활동의 주류적 참여로부터 배제되는 것을 의미한다. (출처: 권건보 외 지음, 「비교법적 접근을 통한 장애 개념의 헌법적 이해」, 헌법재판소, p.15, 2020) ―옮긴이

열고 뇌에 전극을 이식하는 침습적 조치가 필요한 기술이 주류입니다. 최근 정신 기능에 뇌 기술을 응용하려는 움직임도 활발해지고 있습니다. 이때는 기본적으로 비침습적인 기술의 응용을 전제로 합니다.

뇌 기능을 계측할 때 fMRI라는 대형 장치를 이용한다는 내용을 1장에서 설명했습니다. 사실 뇌파 측정이라는 더 간단한 기술로도 뇌의 상태를 알아볼 수 있습니다. 뇌파 측정도 옛날에는 거대한 장치가 필요했지만, **지금은 헤드셋 형태의 장치가 차례차례 개발되면서 개인이 간단하게 장착하고, 기록한 결과를 AI로 해석함으로써 자신의 뇌 활동을 알 수 있게 되었습니다.**

예를 들어, 큰 스트레스에 노출되는 프로 운동선수가 안정을 취하고 집중력을 높이기 위해 자신의 뇌 활동을 계측하고, 이를 자율적으로 제어하는 트레이닝을 할 수도 있겠지요. 여러 사람을 동시에 계측해서 팀의 수행 능력을 높이는 식의 응용도 가능합니다.

뇌 기술로 확장되는 인간의 가능성

뇌 기술을 응용해 **인간이 지닌 능력을 확장하는 방향성 역시 모색 중입니다.** 가령 도쿄대학 첨단과학기술센터의 이나미 마사히코는 감각과 지각 같은 생리적 경험을 바탕으로 디바이스 기술과 정보 기술을 구사함으로써 '인간과 기계가 하나 되는' 새로운 시스템의 구축을 목표로 연구를 진행하고 있습니다. 만약 여섯 번째 손가락이 생기면 인간의 뇌는 어떻게 바뀌어 새로운 인지·운동 능력을 발휘하는가, 그리고 이를 기초적인 신경과학연구는 물론 게임을 비롯한 엔터테인먼트에 응용할 수 있을지도 기대할 수 있는 분야입니다.

가상 현실(VR)과 증강 현실(AR)의 활용도 넓은 의미로는 뇌 기술에 속합니다. 도호쿠대학에서 의학을 배우고 매사추세츠 공과대학과 일본 이화학연구소에서 원숭이를 이용한 시스템신경과학 기초 연구에 매진해온 후지이 나오타카는 VR 기술을 응용한 회사를 세웠습니다. 그리고 '뇌과학과 테크놀로지가 융합된 뇌 기술의 산업화와 에코 시스템 창조'를 목표로 브레인 테크 컨소시엄(BTC)이라는 조직을 만들어 이 분야에 관심이 있는 연구자, 기업, 시민들이 이용할 플랫폼을 구축하고 있습니다. 저 역시 이나미 교수님과 함께 BTC의 이사로서 참여하고 있습니다.

후지이 박사는 앞으로 스포츠, 예술, 교육 등 여러 분야에서 뇌 기술이 중요해지리라고 예측했습니다. 예를 들어, 언제 자신의 집중력이 높아지는지 안다면 그 시간대에 맞추어 공부해서 효율을 높이고 집중할 수 있을 테고, 이 '존(Zone)'에 들어가는 자신만의 방법을 체득할 수 있다면 교육 현장에도 도움이 되겠군요.

한편 도쿄대학 뉴로인텔리전스 국제연구기구 국제고등연구소의 나가이 유키에는 자폐 스펙트럼 장애 특성이 있는 사람의 인지 능력이 일반인과 어떻게 다른지 체험할 수 있는 VR 시스템을 개발해서 사람들이 이해할 수 있도록 응용했습니다. 자폐 스펙트럼 장애의 특징으로 보통 사회성과 상동 행동이 거론되는데, 사실 당사자는 그러한 면보다 감각 과민과 주의 결핍을 고민으로 꼽습니다. **자폐 스펙트럼 장애 당사자에게 세상이 얼마나 시끄러운지 일반 시민이 VR로 체험하는 기회는 자폐 스펙트럼 장애 환자를 스스럼없이 받아들이는 포용적인 사회를 만드는 데 꼭 필요하다고 할 수 있습니다.**

의사소통을 보조하는 뇌 기술 개발

2021년도, 2022년도에 일본 정부는 과학 연구 예산을 문샷(Moonshot)형 연구개발제도에 대거 투입하기로 했습니다. 문샷형 연구개발제도는 "국가 개발의 파괴적인 혁신 창출을 목표로, 기존 기술을 연장하는 대신 더욱 대담한 발상을 토대 삼아 도전적인 연구 개발을 추진"하겠다는 목표를 내세웠는데, "목표 1 신체, 뇌, 공간, 시간의 제약으로부터의 개방"과 "목표 9 마음의 안정과 활력의 증대"는 신경과학의 비중이 큰 연구 분야입니다.

도호쿠대학 대학원 생명과학연구과의 쓰쓰이 겐이치로는 목표 9의 프로젝트 매니저로서 "뇌와 신체 기능을 바탕으로 사람들의 마음을 연결하는 '자유 번역기' 개발"을 개발 목표로 내걸었습니다. 신경과학·분자생명과학과 VR/AR·로봇공학 분야를 융합한 연구로 서로의 마음이 맞닿아 이해와 공감을 낳는 프로젝트가 시작된 것이지요(그림

그림 5-12 문샷 연구

일대일 소통

가정

기능 학습

학교

비즈니스

다문화 교류

고글형 또는 스마트폰형 기기, 프로젝션 매핑, 인간 지원 로봇 등의 형태로, 다양한 분야에서 언어·비언어(영상·음성·신체 감각 등) 다중 모드(Multimodal) 지원을 통해 사용자의 부담을 덜고 원활한 소통을 실현한다.

▶ 문샷형 연구개발사업-목표 9 연구 개발 프로젝트: 뇌와 신체 기능을 바탕으로 사람들의 마음을 연결하는 '자유 번역기' 개발(https://www.jst.go.jp/moonshot/program/goal9/92_tsutsui.html)에서 인용.

5-12). 가령 신경전형인[7]과 자폐 스펙트럼 장애 환자의 소통을 번역하는 기계가 있다면 더 좋은 상호 관계를 구축할 수 있을지도 모르지요.

이나미 교수님, 나가이 교수님, 구마가야 교수님과 함께 저도 미력하나마 이 프로젝트에 ELSI(윤리·법적·사회적 과제) 측면에서 참여하고 있습니다. 점점 복잡해지는 사회에서 자유 번역기가 다양한 사람들 사이의 언어적·비언어적 소통을 뒷받침할 수 있기를 기대합니다.

---

7) 신경다양성의 관점에서 전형적인 발달 과정을 거친 사람을 일컫는 말로, 대비되는 용어는 신경다양인이다.-옮긴이

◆1 **채널로돕신**(ChR2): 녹조류의 일종인 클라미도모나스는 빛을 감지해서 움직이는 성질이 있습니다. 클라미도모나스가 빛을 감지해서 신호를 전달하는 입구가 바로 채널로돕신(ChR2)이라는 감광성 이온 채널입니다. 이온 채널은 세포막에 존재하는 단백질로, 자극에 반응해서 '구멍'으로 이온을 통과시킵니다. ChR2는 470nm의 푸른색 파장에 반응해서 소듐 이온(Na^+)을 세포 안으로 들여보냅니다(그림 5-2).

◆2 **자궁 내 전기천공법**: 발생 도중인 마우스 배아에 임의의 유전자를 도입하는 방법입니다(그림 5-4). 임신한 마우스를 마취시키고 개복 수술로 자궁에서 자라고 있는 배아에 가느다란 유리 바늘을 찔러 DNA나 RNA가 포함된 핵산액을 미량 주입합니다. 그다음 펄스 전류를 가하면 순간적으로 세포막에 구멍이 생기면서 핵산액이 세포 안으로 들어갑니다. 결과적으로 DNA에서 일어나는 전사·번역 과정으로 목표 유전자의 기능을 강화하거나 mRNA 기능을 방해하는 RNA에 간섭해서 목표 유전자의 작용을 방해할 수도 있습니다. 녹아웃 마우스를 제작하는 것보다 간편하게 유전자를 조작하는 방법입니다.

전기천공법 장치는 제가 소속된 도호쿠대학에도 있습니다. 당시 가령의학연구소의 나카무라 하루카즈(현 도호쿠대학 명예교수)가 닭 배아 원기에 이용하던 장치를 저희 연구팀이 바로 마우스 전체 배아 배양법과 조합해서 포유류에 응용했지요. 그리고 교토대학의 사이토 데쓰이치로(현 치바대학 교수) 연구팀이 2001년 자궁 내 수술과 조합한 결과 전 세계에서 전체 배아 배양 장치가 필요 없는 자궁 내 전기천공법을 마우스에 응용할 수 있게 되었습니다. 이 방법에는 뇌의 원기, 즉 신경관에 목표 유전자 DNA가 들어 있는 액체를 미량 주입하고 배아에 전기 펄스를 가함으로써 세포막에 순간적으로 구멍을 뚫고 DNA를 세포 안으로 집어넣는 원리가 이용되었습니다. 게다가 음전하인 DNA는 양극으로 들어가므로 목표 뇌 영역을 의도적으로 결정할 수도 있습니다.

◆3 차세대 염기 서열 분석기: 차세대 염기 서열 분석기(Next generation sequencer, 이하 NGS 장비)는 21세기 생명과학의 발전에 크게 공헌한 장치입니다. DNA가 이중 나선 구조라는 제임스 왓슨과 프랜시스 크릭의 발표로부터 반세기가 지난 2003년에 종료된 인간 유전체 프로젝트는, 거액을 투자해 십여 년 동안 한 사람의 유전체를 전부 해독한 국제 과학 연구였습니다. 하지만 지금은 NGS 장비로 하룻밤 만에 여러 명의 유전체 염기 서열을 해석할 수 있고, 비용도 한 사람 당 100만 원 선으로 끝나는 시대가 되었습니다. 20세기에는 특정 유전자와 단백질의 기능을 분석하는 연구가 주류였으나 현재는 전반적·포괄적 해석으로 초점이 옮겨졌습니다. 장내미생물 군 전체에서 DNA를 추출해 NGS 장비로 해석하면 특정 유전 정보, 그러니까 염기 서열이 있는 세균이 존재하는지부터 그 종류나 양은 어떻게 되는지까지 추정할 수 있습니다. 그 밖에도 NGS 장비는 바닷물 시료를 전반적으로 해석해서 모든 바닷속 생물을 밝히는 아네모네 프로젝트 같은 환경 DNA 프로젝트에도 쓰입니다.

◆4 생물정보학: NGS 장비를 이용하면 방대한 데이터를 얻을 수 있습니다. 이 데

이터를 효율적으로 다루게 되면서 생명과학이 전체적으로 한층 발전했습니다. 광범위하게는 정보과학·데이터 사이언스(Data Science)라고 하는데, 그중 생명과학 계열의 데이터를 다루는 분야가 생물정보학입니다. 하루가 다르게 발전하는 생물정보학 기술이 없다면 21세기 생명과학은 성립할 수 없습니다.

◆5 **단일 세포 RNA-seq 기술:** 오늘날에는 단 하나의 세포에서 얻은 수많은 빅데이터도 21세기 생명과학의 방향성을 크게 바꾸고 있는 요소입니다. 과거에는 간이나 신장 같은 장기를 갈아서 RNA를 추출한 다음 특정 mRNA가 들어 있는지 검출했습니다. 이후 mRNA 전체를 확인할 수 있게 되었고(RNA-seq), 이를 단 하나의 세포에서 수행하는 기술이 단일 세포 RNA-seq(scRNA-seq)입니다. 유체역학을 기반으로 한 장비가 개발되면서 가능해진 기술이며 잘게 으깨서 만든 세포 하나하나의 성질을 알아낼 수 있게 되었습니다. 현재 이 기술을 이용해 인간의 모든 세포 37조 개에서 발현되는 유전자를 해독하는 국제 연대 프로젝트(Human Cell Atlas)도 진행되고 있습니다.

참고문헌

- 구마가야 신이치로 지음, 『当事者研究—等身大の〈わたし〉の発見と回復(당사자 연구: 등신대의 '나'의 발견과 회복)』(이와나미쇼텐, 2020)

- 스반테 페보 지음, 김명주 옮김, 『잃어버린 게놈을 찾아서』(부키, 2015)

- 후쿠도 신 지음, 『内臓感覚—脳と腸の不思議な関係(내장 감각: 뇌와 장의 신기한 관계)』(NHK슛판, 2007)

- Karl Deisseroth, *Projections: A Story of Human Emotions*(Random House, 2021)

- Pinson A., et al., "Human TKTL1 implies greater neurogenesis in frontal neocortex of modern humans than Neanderthals". *Science, 377*(6611), 2022, doi:10.1126/science.abl6422.

- 문샷형 연구개발사업-문샷 목표 1 https://www.jst.go.jp/moonshot/program/goal1/index.html(2023년 6월 열람)

- 문샷형 연구개발사업-문샷 목표 9 https://www.jst.go.jp/moonshot/program/goal9/index.html(2023년 6월 열람)

- 문샷형 연구개발사업-문샷 목표 9 연구 개발 프로젝트: 뇌와 신체 기능을 바탕으로 사람들의 마음을 연결하는 자유 번역기 개발 https://jizai2050.org(2023년 6월 열람)

- 브레인 테크 컨소시엄 https://brain-tech.jp/(2023년 6월 열람)

- ANEMONE 프로젝트 https://anemone.bio(2023년 6월 열람)

- Human Cell Atlashttps://www.humancellatlas.org/(2023년 6월 열람)

- nature.com: Milestones in human microbiota researchhttps://www.nature.com/immersive/d42859-019-00041-z/index.html(2023년 6월 열람)

- Youtube: Final Fantasy XIV Played with Brain Implantshttps://www.youtube.com/watch?v=WjNHkRH0Dus(2023년 6월 열람)

나오며

이 책의 집필 의뢰를 받은 날은 도호쿠대학에서 일본 생리학회가 개최된 2022년 3월이었습니다. 학회 첫째 날 후쿠시마현 앞바다에 규모 7.4의 지진이 발생했지만, 학회는 중단되지 않고 끝까지 진행되었습니다. 교양부가 있는 가와우치키타캠퍼스 강의실에서 강연을 마치고 나와 요도샤 편집부의 가네코 아오이 씨와 인사를 나누었지요. 『소설처럼 재미있게 읽는 강의』 시리즈의 네 번째 책을 기획하고 있다는 말씀을 듣고, 가네코 씨의 열의에 찬동한 저는 기획을 받아들였습니다.

책을 읽는 것도 쓰는 것도 좋아했기에 다시 한번 제가 아는 뇌과학 지식을 체계적으로 정리하고자 즐거운 마음으로 책을 써 내려갔지만, 확실한 출처를 찾고 독자들이 이해하기 쉬운 그림과 문장을 고민하는데에 생각보다 시간이 오래 걸렸습니다. 게다가 집필 중에 기쁜 소식도 들었는데, 책에 소개한 과학자분들이 노벨상이나 일본국제상을 받았지 뭐예요! 정성을 다해 원고를 다듬어주신 제작 담당 마스모토 나쓰미 씨와 책의 디자인을 멋지게 완성해주신 디자이너 도리야마 다쿠로 씨께 감사드립니다.

　책의 구상·교정 단계에서 여러모로 고견을 들려주신 교토공예섬유대학의 노무라 다다시 교수님, 간사이대학의 이시즈 도모히로 교수님, 게이오대학의 아타라시 고지 준교수님께도 감사의 인사 드립니다.

　지난주 주말 G7 과학 기술 장관 회의가 센다이 교외의 아키우에서 개최되었습니다. "신뢰기반의 연구 생태계 개방과 진화"를 주제로 논의가 진행되었고, 공동 합의로 "오픈 사이언스 촉진", "연구 안보·연구 진실성 위험 관리", "과학 기술 국제 협력" 등 세 가지가 도출되었습니다. 이 책을 펴내는 것 역시 소소하나마 과학에 이바지하는 하나의 길이라고 저는 생각합니다.

　과학은 사람들의 생활을 받쳐주는 기반인 동시에 엔터테인먼트입니다. 이 책을 끝까지 읽은 여러분의 마음속에 조금이라도 남는 바가 있다면 기쁘겠습니다.

2023년 5월

오랜만에 아오바 축제가 성대하게 열린 센다이에서

오스미 노리코